Willy H. Bölling

Bodenkennziffern und Klassifizierung von Böden

Anwendungsbeispiele und Aufgaben

Springer-Verlag Wien GmbH 1971

Professor Dipl.-Ing. Willy H. Bölling
Universidad de Oriente
Escuela de Geologia y Minas
Ciudad Bolivar, Venezuela

Ursprünglich erschienen bei Springer-Verlag/Wien 1971
Library of Congress Catalog Card Number 74-176269

Mit 80 Abbildungen

ISBN 978-3-211-81038-5 ISBN 978-3-7091-2293-8 (eBook)
DOI 10.1007/978-3-7091-2293-8

Vorwort

Wie die Erfahrung immer wieder zeigt, fällt es dem jungen Ingenieur am Anfang seiner beruflichen Laufbahn schwer, das erworbene Schulwissen zur Lösung von praktischen, technischen Aufgaben anzuwenden. Auch der erfahrene Ingenieur steht in der Praxis oft vor dem Problem, Fragen beantworten zu müssen, die nicht in den Rahmen seiner täglichen Routinearbeit fallen.

Es gehört zur selbstverständlichen Berufspraxis, daß der Ingenieur in solchen Fällen zunächst einmal prüft, wie das Problem an anderer Stelle gelöst worden ist, um sich dann an die Lösung seines Problems zu begeben, indem er den Rechengang dem des Beispiels anpaßt und die Ergebnisse mit denen des Beispiels vergleicht. Eine reichhaltige Auswahl von Anwendungsbeispielen stellt daher für den Ingenieur eine wertvolle Unterstützung dar.

Der Verfasser hat in dem vorliegenden Werk eine große Anzahl typischer Aufgaben und Anwendungen aus allen Gebieten des Grundbaues und der Bodenmechanik ausgesucht und in allen Einzelheiten durchgerechnet. Zu jedem Anwendungsbeispiel wird ein kurzer Überblick über die Kenntnisse und Grundlagen gegeben, die zur Lösung der Aufgabe erforderlich sind. Die Ergebnisse der Berechnungen werden diskutiert, um auf Besonderheiten und wertvolle Deutungen hinzuweisen.

Das Werk gliedert sich in fünf selbständige, voneinander unabhängige Darstellungen, in denen folgende Themen behandelt werden: Bodenkennziffern und Klassifizierung von Böden; Zusammendrückung und Scherfestigkeit von Böden; Sickerströmungen und Spannungen in Böden; Setzungen, Standsicherheiten und Tragfähigkeiten von Grundbauwerken; Bodenmechanik der Stützbauwerke, Straßen und Flugpisten.

Es soll keine Erweiterung der großen Liste aller schon veröffentlichten grundlegenden Bücher über Bodenmechanik und Grundbau sein. Es beschränkt sich in voller Absicht auf die Anwendung der Theorien, auf die praktischen Bedürfnisse, und enthält infolgedessen eine Auswahl von Tafeln und Tabellen, die so vollständig wie nur möglich sein soll, um dem Ingenieur die Arbeit zu erleichtern.

Die zur Lösung einer Aufgabe verwendeten Methoden und Formeln wurden aus dem umfangreichen internationalen Schrifttum sorgfältig ausgewählt. Damit soll dem Ingenieur die Möglichkeit gegeben werden, auch ausländische Lösungsverfahren zu verstehen und anzuwenden, auf die er bei der ständig wachsenden Auslandsarbeit mit Sicherheit stoßen muß.

Dieses Werk wird jedoch nicht nur ein Ratgeber für die Praxis sein, sondern wird auch dem Studierenden eine Stütze und Hilfe bedeuten, indem es ihm in anschaulicher Weise erklärt, wie die theoretischen Kenntnisse im praktischen Berufsleben angewendet werden. In vielen Fällen wird ein lebendiges Beispiel mehr zum Verständnis eines Problems beitragen als umfangreiche theoretische Überlegungen. Das praktische Beispiel soll die nüchternen wissenschaftlichen Notwendigkeiten beleben, aber gleichzeitig auch zeigen, wie unerläßlich das eine zum Verständnis des anderen ist.

Es gibt praktisch keine Bauaufgabe, die nicht von bodenmechanischen und grundbaulichen Gegebenheiten beeinflußt wird. In allen jenen Fällen, in denen im Boden oder mit dem Boden gebaut wird, scheint es uns selbstverständlich, daß wir uns mit seinen mechanischen Eigenschaften beschäftigen. Wenn der Boden nur die passive Rolle eines Mediums für die Gründung anderer Ingenieurbauten darstellt, ist die Untersuchung seiner mechanischen Eigenschaften nicht weniger von Bedeutung. Jedem Ingenieur ist heute klar, daß eine falsche Beurteilung der mechanischen Eigenschaften des Untergrundes eine ernsthafte Gefahr für die Standsicherheit des darauf errichteten Bauwerks bedeutet.

Ich wünsche mir, daß der Leser eine Fülle von Anregungen für die richtige, schnelle und wirtschaftliche Lösung seiner Aufgaben finden möge. Der Aspekt der Wirtschaftlichkeit ist daher in allen Fällen besonders beachtet worden. Die beste theoretische Lösung hat keinen Sinn, wenn ein anderer den Auftrag zur Ausführung einer Bauaufgabe erhält, obwohl sein Vorschlag weniger wissenschaftlich, dafür aber um so praktischer und billiger ausgefallen ist. Möge dieses Werk den Zweck erfüllen, zu dem es geschrieben wurde, dem Leser jene Sicherheit zu geben, die er benötigt, eine Aufgabe technisch und wirtschaftlich einwandfrei zu lösen, sie in fachlichen Diskussionen wirksam vorzutragen und zu verteidigen und schließlich erfolgreich in die Tat umzusetzen.

Viele Probleme der Bodenmechanik und des Grundbaues lassen sich schnell und sicher mit Hilfe elektronischer Datenverarbeitung lösen. Die Vielfalt der verschiedenen Programme läßt jedoch keine detaillierte Darstellung der Programmierungsarbeit im Rahmen dieses Buches zu. Zahlreiche Aufgaben sind aber so gehalten, daß ein geübter Programmierer die verwendeten Formeln und Rechenschemata unmittelbar in die gewünschte Computersprache umsetzen kann.

Noch wenig erschlossen ist die elektronische Datenspcicherung für Aufgaben der Bodenmechanik und des Grundbaues. Hier bietet sich für die Zukunft ein ausgedehntes Arbeitsfeld, insbesondere für Standsicherheitsprobleme, Setzungsberechnungen, Fundamentbemessungen und Straßengründungen, dar, dessen Grundzüge angedeutet werden.

Bodenmechanik und Grundbau haben sich in der Vergangenheit überwiegend mit dem Baugrund als Dreiphasensystem — Mineral, Flüssigkeit,

Gas — beschäftigt. Mit fortschreitender Erschließung des Meeres und des Seebodens häufen sich die Aufgaben, in denen der Baugrund als Zweiphasensystem — Mineral, Wasser — untersucht und behandelt werden muß. Neue Problemstellungen werden dadurch aufgeworfen, deren wissenschaftliche Behandlung im Ansatz aufgenommen wurde.

Die Entwicklung der Raumfahrt, die Landung und die Konstruktion von Bauten für Menschen und Geräte auf fremden Planeten wird von uns sehr bald in verstärktem Maße eine Lösung der damit verbundenen bodenmechanischen und grundbautechnischen Probleme verlangen. Eines Tages wird sich die Bodenmechanik mit Aufgaben im Bereich einphasiger Systeme, also mit Böden befassen, die kein Gas und keine Flüssigkeit mehr enthalten und außerdem anderen Schweregesetzen unterliegen.

Die stürmische Entwicklung, die Bodenmechanik und Grundbau seit 1930 erlebt haben, wird also nicht nachlassen, sondern eher noch zunehmen. Gute Grundlagen und eine umfassende Schulung sind eine unerläßliche Voraussetzung für ihre Bewältigung. Möge dieses Werk seinen Beitrag dazu leisten.

Von der Idee zu einem technisch-wissenschaftlichen Buch bis zu seiner Veröffentlichung ist es ein langer, mühevoller Weg. Der Autor kann ihn nur dann erfolgreich gehen, wenn er sich auf die verlegerische Erfahrung und den unternehmerischen Mut seines Verlages verlassen kann. Dem Springer-Verlag in Wien sei herzlich gedankt, daß er in dieser Hinsicht stets ein beispielhafter Partner gewesen ist.

Dank sei auch allen jenen Ingenieuren und Wissenschaftlern gesagt, deren Arbeiten verwertet wurden. Es sind Hunderte. Ihre Namen sind jeweils im Text an der Stelle erwähnt, an der ich ihre Arbeit oder Auszüge daraus verwendet oder erläutert habe.

Ich danke meiner Frau, meinen Mitarbeitern und Kollegen an den europäischen und amerikanischen Universitäten für die Hilfe, die sie mir gewährt haben, und für die Kritik, die dazu beigetragen hat, den wissenschaftlichen und praxisorientierten Wert dieses Werkes zu erhöhen.

Ciudad Bolivar, im Sommer 1971 **Willy H. Bölling**

Inhaltsverzeichnis

1. Der Wassergehalt

1.1 Aufgaben

Aufgabe 1 Bestimmung des Wassergehaltes im Laborversuch

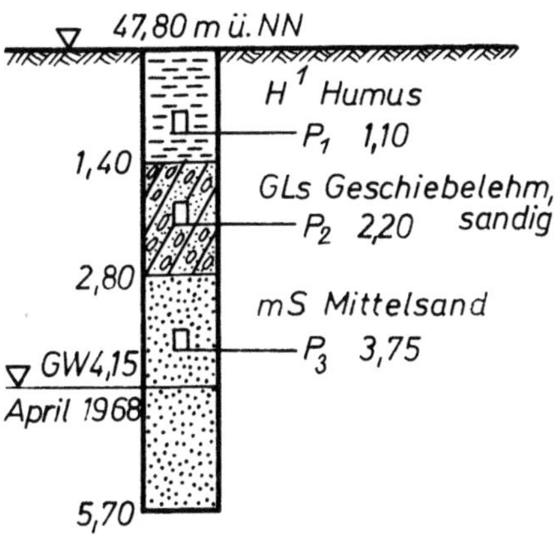

Abb.1.1 Ergebnisse einer Probebohrung.

Abb.1.1 zeigt ein Schichtenverzeichnis, das während einer Bodenuntersuchung aufgenommen wurde. Es wurden drei gestörte Bodenproben entnommen. Die erdfeuchten Proben hatten einschließlich der Uhrglasschalen, in denen sie aufbewahrt wurden, folgende Gewichte:

Probe P_1 = 24,742 g
Probe P_2 = 29,158 g
Probe P_3 = 28,179 g.

Die Uhrglasschalen hatten ein einheitliches Gewicht von 13,724 g. Uhrglasschalen und Erdproben hatten nach der Trocknung folgende Gewichte:

Probe P_1 = 21,499 g
Probe P_2 = 25,117 g
Probe P_3 = 25,728 g.

Welchen Wassergehalt hatte jede einzelne Probe ?

Grundlagen

Der Wassergehalt des Bodens w ist das Verhältnis des Wassergewichtes G_w einer Erdprobe zum Gewicht G_t der getrockneten Erdprobe. Er wird gewöhnlich in Prozent angegeben.

$$w = \frac{G_w}{G_t} \cdot 100 \qquad (\%) \qquad (1.1)$$

[1]Zeichen und Abkürzungen nach DIN 4023 (Aug.1955)

Natürlicher Wassergehalt

Bodenprobe P_1 = Humus *Versuch Nr.* 12, 13 und 14

P_2 = Geschiebelehm, sandig

Datum 7.4.1968

Entnahmestelle Guri-Damm

Bohrung B 27 *Bearbeiter*

Proben Nr. P_1 P_2 P_3

Bezeichnung	P_1	P_2	P_3
Behältergewicht in g	13,724	13,724	13,724
Behälter + trockener Boden + Wasser. Gewicht in g	24,742	29,158	28,179
Behälter + trockener Boden Gewicht in g	21,499	25,117	25,728
Gewicht des Wassers G_W in g	3,243	4,041	2,451
Gewicht des trockenen Bodens G in g	7,775	11,393	12,004
Wassergehalt w in %	41,7	35,5	20,42

Bemerkungen:

Abb.1.2 Formular für die Bestimmung des natürlichen Wassergehaltes.

Lösung

Zur Bestimmung des Wassergehaltes hat jedes Laboratorium Formulare zur Hand, die eine übersichtliche Rechnung gestatten. Abb.1.2 zeigt ein Muster eines derartigen Formulares mit der Berechnung der Wassergehalte für die Proben P_1, P_2 und P_3.

Ergebnisse

Das Verfahren zur Bestimmung des Wassergehaltes durch Ofentrocknung gilt als das sicherste und einfachste und ist allgemein verbreitet. In Deutschland ist das Verfahren durch die DIN 18 121 (Entwurf) -Bestimmung des Wassergehaltes durch Ofentrocknung- genormt.

Die weiteren bekannten Verfahren, wie zum Beispiel die Pyknometermethode (OLPINSKI 1945, HAEDICKE 1960), erfordern etwas mehr Geschick und Erfahrung, führen dafür aber schneller zum Ziele, da die Zeit für die Trocknung der Bodenprobe gewonnen werden kann. Der Wassergehalt ermittelt sich bei der Pyknometermethode nach der Gleichung:

$$w = \left(\frac{G_f}{G_p - G_w} \cdot \frac{\gamma_s - 1}{\gamma_s} - 1 \right) \cdot 100 \quad (\%) \qquad (1.2)$$

G_f = Gewicht der erdfeuchten Probe

G_p = Gewicht des Pyknometers einschließlich Wasser und Erdprobe

G_w = Gewicht des Pyknometers einschließlich Wasser

γ_s = spezifisches Gewicht

Die Formel zur Berechnung des Wassergehaltes nach dem Verfahren der Tauchwägung lautet:

$$w = \left(\frac{G_f}{G_u} \cdot \frac{\gamma_s - 1}{\gamma_s} - 1 \right) \cdot 100 \quad (\%) \qquad (1.3)$$

G_f = Gewicht der erdfeuchten Probe

G_u = Gewicht unter Wasser

Bei bindigen Böden kann für γ_s der mittlere Wert von 2,70 g/cm^3 eingesetzt werden. Für nichtbindige Böden kann näherungsweise γ_s = 2,65 g/cm^3 gewählt werden.

Aufgabe 2 Fehler bei der Wassergehaltsbestimmung

In der Gleichung für die Bestimmung des Wassergehaltes nach der Pyknometermethode ist das spezifische Gewicht γ_s als Unbekannte enthalten. Im allgemeinen wird als spezifisches Gewicht ein geschätzter Wert eingesetzt, der den einschlägigen Tabellen entnommen werden kann.

Welcher Fehler entsteht bei der Bestimmung des Wassergehaltes, wenn der geschätzte Wert nicht mit dem tatsächlichen spezifischen Gewicht übereinstimmt ?

Grundlagen

Das spezifische Gewicht ist definiert als das Verhältnis des Trockengewichtes einer Erdprobe G_t zu dem Volumen der Festmasse, dem sogenannten Festvolumen V_t der Erdprobe, und wird in g/cm³ oder t/m³ ausgedrückt.

$$\gamma_s = \frac{G_t}{V_t} \quad (g/cm^3) \qquad (1.4)$$

In den USA ist es üblich, γ_s ins Verhältnis zum spezifischen Gewicht des Wassers bei 4°C zu setzen. Man erhält damit eine dimensionslose Zahl

$$G_s = \frac{G_t}{V_t} \cdot \frac{1}{\gamma_w} \qquad (1.5)$$

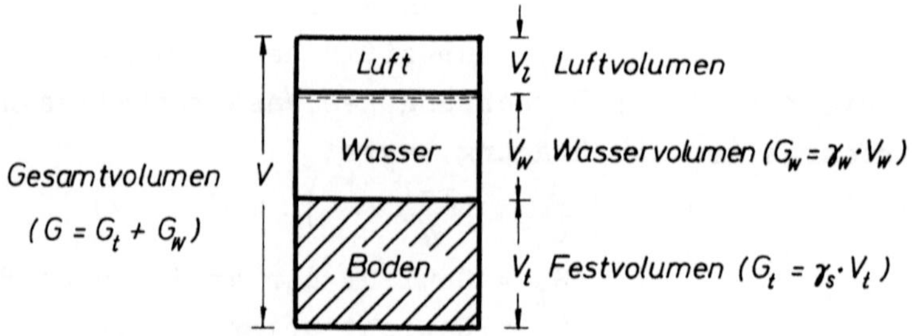

Abb.1.3 Schematische Darstellung der verschiedenen Volumina in einer Bodenprobe.

Das Gesamtvolumen V einer Bodenprobe setzt sich aus dem Festvolumen V_t, dem Wasservolumen V_w und dem Luftvolumen V_l zusammen. Abb.1.3 gibt diesen Sachverhalt schematisch wieder.

Durch Multiplikation des Festvolumens V_t mit dem spezifischen Gewicht γ_s erhält man das Trockengewicht G_t der Bodenprobe. Das Wassergewicht G_w erhält man durch Multiplikation des Wasservolumens V_w mit dem spezifischen Gewicht γ_w des Wassers. Das Gesamtgewicht G der erdfeuchten Probe G_f ist die Summe aus Trockengewicht G_t und Wassergewicht G_w.

Lösung

Bei Anwendung der Pyknometermethode ist nach Gl.(1.2) der Wassergehalt:

$$w = \left(\frac{G_f}{G_p - G_w} \cdot \frac{\gamma_s - 1}{\gamma_s} - 1 \right) \cdot 100 \quad (\%)$$

Das tatsächliche spezifische Gewicht soll $\gamma_s = 2{,}65\ g/cm^3$ betragen. Das Festvolumen wird mit 6,0 cm^3 und das Wasservolumen mit 9,0 cm^3 angenommen. Dann ist das Trockengewicht:

$$G_t = 2{,}65 \cdot 6{,}0 = 15{,}9 \text{ g}$$

das Wassergewicht: $G_w = 9{,}0 \cdot 1{,}0 = 9{,}0$ g

und das Gesamtgewicht der erdfeuchten Probe:

$$G_f = 15{,}9 + 9{,}0 = 24{,}9 \text{ g}$$

Der tatsächliche Wassergehalt ist nach Gl.(1.1):

$$w = \frac{G_w}{G_t} \cdot 100 = \frac{9{,}0}{15{,}9} \cdot 100 = 56{,}6 \ \%$$

Der Inhalt des Pyknometers sei mit 100 cm^3 angenommen. Wenn sich die Bodenprobe im Pyknometer befindet, so werden von diesem Inhalt 6,0 cm^3 von der Bodenprobe eingenommen. Damit ist:

$$G_p = \text{Gew.d.Pykn.} + \text{Wasser} + G_t$$

$$G_p = \text{Gew.d.Pykn.} + 94{,}0 + 15{,}9 = \text{Gew.d.Pykn.} + 109{,}9 \text{ g}$$

Das spezifische Gewicht des Wassers ist mit 1,0 g/cm^3 in Rechnung gestellt.

Weiterhin ist:

$$G_W = \text{Gew.d.Pykn.} + \text{Wasser} = \text{Gew.d.Pykn.} + 100{,}0 \text{ g}$$

$$G_p - G_W = 109{,}9 - 100{,}0 = 9{,}9 \text{ g}$$

Bei nichtbindigen Böden kann einheitlich $\gamma_s = 2{,}65\ g/cm^3$ eingesetzt werden. Bei bindigen Böden liegen die spezifischen Gewichte zwischen 2,65 g/cm^3 und 2,75 g/cm^3.

γ_s richtig mit 2,65 g/cm^3 angenommen, ergibt:

$$w = \left(\frac{24{,}9}{9{,}9} \cdot \frac{1{,}65}{2{,}65} - 1 \right) \cdot 100 = 56{,}2 \ \%$$

Mit dem Mittelwert für $\gamma_s = 2{,}70\ g/cm^3$ erhält man:

$$w = \left(\frac{24{,}9}{9{,}9} \cdot \frac{1{,}7}{2{,}7} - 1\right) \cdot 100 = 58{,}8\ \%$$

Für $\gamma_s = 2{,}75\ g/cm^3$ ist $w = 60{,}3\ \%$

Wenn also γ_s besonders ungünstig mit 2,75 g/cm^3 angenommen wird, ist der Fehler:

$$\delta = \frac{60\,3}{56{,}2} \cdot 100 - 100 \cong 7\,\%$$

Der Wassergehalt liegt also in Wirklichkeit um 7 % unter dem errechneten Wert. Wenn für γ_s ein Mittelwert von 2,70 g/cm^3 eingesetzt wird, beträgt der Fehler:

$$\delta = \frac{58{,}8}{56{,}2}\ 100 - 100 = 4{,}6\ \%$$

Der Wassergehalt liegt also in Wirklichkeit um etwa 5 % unter dem errechneten Wert.

Ergebnisse

Eine Abweichung von 5 % oder 7 % vom tatsächlichen Wassergehalt einer Bodenprobe bedeutet nicht viel. Sie liegt im Bereich der Unterschiede, die man in der Natur unter ungestörten Verhältnissen immer antreffen wird. Deshalb kann bei bindigen Böden für das spezifische Gewicht der Mittelwert $\gamma_s = 2{,}70\ g/cm^3$ eingesetzt werden, ohne einen großen Fehler zu begehen. Für nichtbindige Böden kann das spezifische Gewicht einheitlich mit $\gamma_s = 2{,}65\ g/cm^3$ angenommen werden.

1.2 Berechnungstafeln und Zahlenwerte

Bodenart	Wassergehalt in %
Mittelsand, erdfeucht	1 - 5
Feinsand, erdfeucht	10 - 15
Schluff, erdfeucht	10 - 20
Ton, erdfeucht	20 - 30
Organischer Schluff	40 - 80
Organischer Ton	50 - 150

Tabelle 1.1 Wassergehalt verschiedener Erdstoffe.

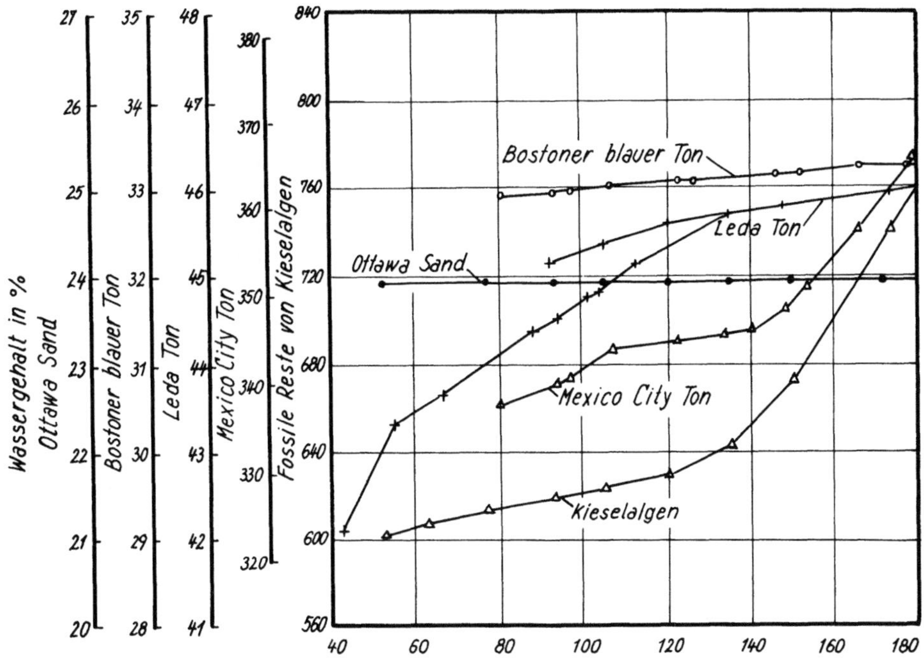

Abb.1.4 Abhängigkeit des Wassergehaltes von der Trocknungstemperatur (LAMBE 1949).

1.3 Literatur

BALLENEGGER (1938) A talajnedvesség változásának menete mésztartalmú agyagos talajokban.(Verlauf der Änderung der Bodenfeuchtigkeit in kalkhaltigen Tonböden.) Vízügyi Közlemények, Budapest, Nr.2, S.146-164.

CASAGRANDE/FADUM (1940) Notes on soil testing for engineering purposes. Harvard University, Soil Mech. Series No.8.

OLPINSKI (1945) A rapid field method for the determination of moisture content of soils on constructional works. The Surveyor and Municipal and County Eng.

LAMBE (1949) How dry is a dry soil? Proceedings of the Highway Research Board.

AMERICAN ASSOCIATION OF STATE HIGHWAY OFFICIALS (1950) Standard specifications for highway materials.

LAMBE (1951) Soil testing for engineers. Wiley & Sons New York.

SPOEREL (1952) Die Tauchwägung. Straße und Autobahn 3, S.329.

BELCHER (1953) Use of radioactive material to measure soil moisture and density. ASTM, Spec. Techn. Paper.

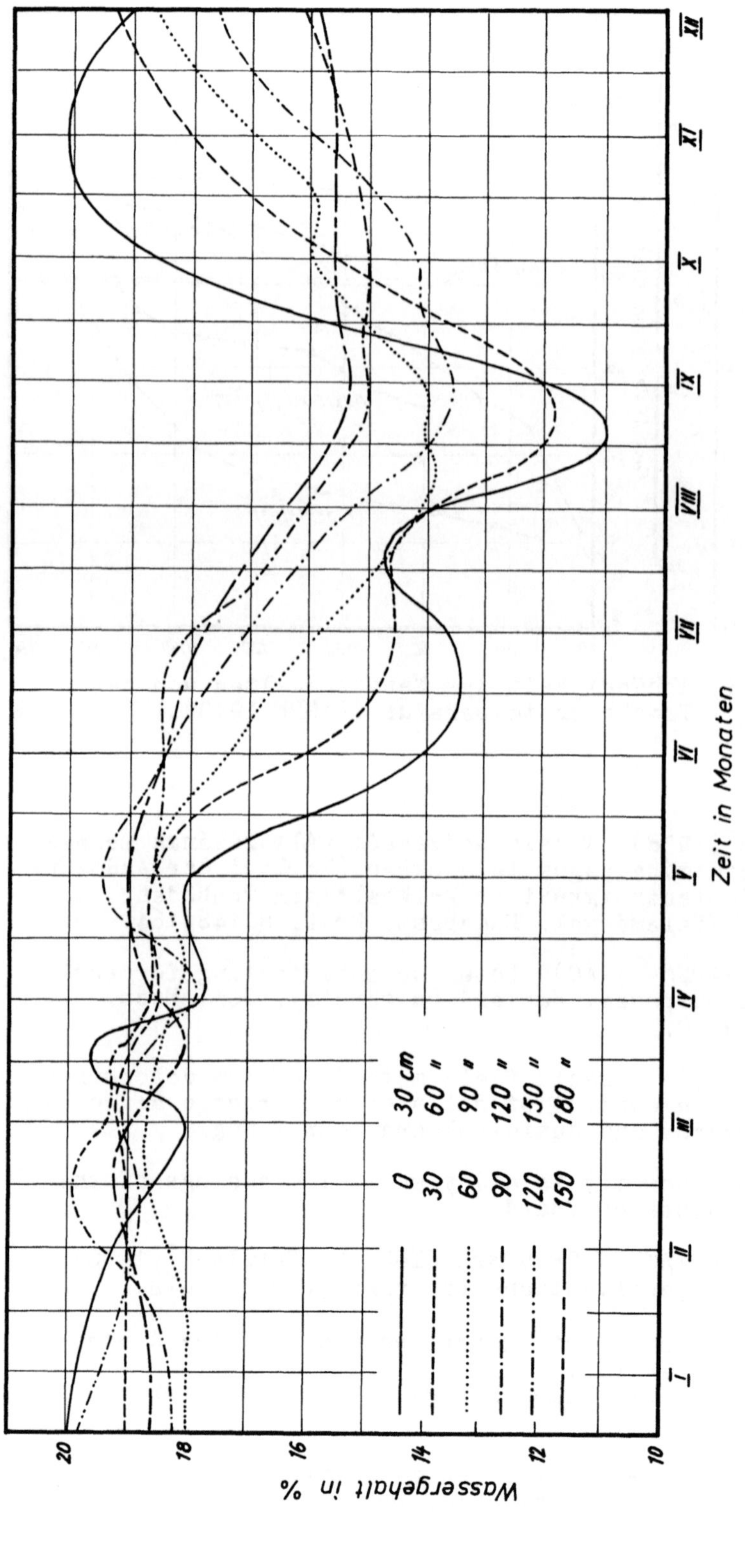

Abb.1.5 Änderungen des Wassergehaltes im Boden im Laufe des Jahres in verschiedenen Tiefen (BALLENEGGER 1938).

SPOEREL (1957) Ein einfaches Verfahren zur Bestimmung von Wassergehalt und spezifischem Gewicht von Bodenproben im Laboratorium und auf der Baustelle. Straße und Autobahn 8, S.386.

SKOPEK (1957) Sand density determination using gamma radiation. Proc. 4th Conf.Soil Mech.Found.Eng.London, Vol.I.

GRUHLE (1957) Verwendung radioaktiver Isotope zur Bestimmung der Lagerungsdichte von Böden in großen Tiefen. Bautechnik 39, H.3, S.81-83.

HAEDICKE (1960) Wassergehaltsbestimmung mit dem Pyknometer. Wissenschaftl. Zeitschr. Hochschule für Bauwesen, Leipzig, H.6, S.15.

SCHON (1963) Les picnomètres à air. Bulletin de Liaison des Laboratoires Routiers Ponts et Chaussées 4, S.22.

NAUJOKS (1964) Untersuchungen zum Nachweis eines spezifischen Sättigungsgrades. Mitt. Bundesanstalt f. Wasserbau, Karlsruhe, H.21, S.3.

DIN 18 121 (Entwurf 1965) Bestimmung des Wassergehaltes durch Ofentrocknung.

SCHULTZE/MUHS (1967) Bodenuntersuchungen für Ingenieur-Bauten, 2. Aufl. Springer-Verlag Berlin-Heidelberg-New York, S. 378 - 383.

2. Porenvolumen und Porenziffer

2.1 Aufgaben

Aufgabe 3 Bestimmung des Porenvolumens und der Porenziffer im Laborversuch

Eine ungestörte Bodenprobe, bestehend aus Geschiebelehm, hat ein spezifisches Gewicht von $\gamma_s = 2{,}71$ g/cm^3 und ein Trockengewicht von $G_t = 32{,}417$ g. Im Laboratorium wurde das Volumen der Probe durch Eintauchen in Wasser bestimmt. Vor dem Eintauchen wurde die Probe mit einem Anstrich aus Schellack versehen. Ohne Anstrich wog die Probe 42,196 g, mit Anstrich 48,224 g. Das Volumen des verdrängten Wassers betrug 31,721 cm^3.

Wie groß ist das Porenvolumen n und welche Porenziffer ε hat der untersuchte Geschiebelehm ?

Grundlagen

Das Porenvolumen n ist definiert als das Verhältnis des Hohlraumes einer Bodenprobe $V_o = V_w + V_l$ zum Gesamtvolumen V:

$$n = \frac{V_o}{V} \cdot 100 = \frac{V_w + V_l}{V} \cdot 100 = \frac{V - V_t}{V} \cdot 100 \; (\%) \qquad (2.1)$$

Das Porenvolumen n wird gewöhnlich in Prozent angegeben.

Die Porenziffer ε ist definiert als das Verhältnis des Hohlraumes einer Bodenprobe V_o zum Volumen der Festmasse V_t:

$$\varepsilon = \frac{V_o}{V_t} = \frac{V_w + V_l}{V_t} = \frac{V - V_t}{V_t} \qquad (2.2)$$

Die Porenziffer wird stets dimensionslos angegeben. Setzt man für $V_t = G_t/\gamma_s$, so erhält man für:

$$n = \frac{V - G_t/\gamma_s}{V} \cdot 100 = 100 - \frac{G_t}{V \cdot \gamma_s} \cdot 100 = 100 - a \cdot 100 \qquad (2.3)$$

und

$$\varepsilon = \frac{V - G_t/\gamma_s}{G_t/\gamma_s} = \frac{V \cdot \gamma_s}{G_t} - 1 = \frac{1}{a} - 1 \qquad (2.4)$$

mit

$$a = \frac{G_t}{V \cdot \gamma_s} \qquad (2.5)$$

Für die Ermittlung des Porenvolumens und der Porenziffer wird zweckmäßigerweise ein Formular benutzt, das eine übersichtliche Rechnung gestattet. Abb.2.1 zeigt ein solches Formular mit der Lösung der Aufgabe 3. Das Volumen der Bodenprobe wurde in diesem Formular durch Eintauchen in Wasser bestimmt.

Aufgabe 4 Porenvolumen und Raumgewicht

Von einer Bodenprobe sind das Raumgewicht, das spezifische Gewicht und der Wassergehalt bekannt.

$\gamma = 1{,}89$ g/cm³, $\gamma_s = 2{,}68$ g/cm³, w = 25 %.

Wie groß ist das Porenvolumen n und welchen Wert hat die Porenziffer ?

Porenvolumen und Porenziffer

Bodenprobe Geschiebelehm *Versuch Nr.* 1

Entnahmestelle INOS-Haus *Datum* 9.3.70

Bohrung B2

Proben Nr. P1 *Bearbeiter* ________

Volumenbestimmung durch Eintauchen

Anstrichmittel Schellack *Spez. Gewicht* $\gamma_3 =$ 1,0 g/cm^3

Spez. Gew. d. Wassers $\gamma_W =$ 1,0 g/cm^3

Bezeichnung	P1		
Gew. ohne Anstrich G_1 *(g)*	42,196		
Gew. mit Anstrich G_2 *(g)*	48,224		
Gew. des Anstrichs $G_3 = G_2 - G_1$	6,028		
Vol. des Anstrichs $V_3 = G_3/\gamma_3$	6,028		
Verdrängtes Wasservol. $V_1 = G_W/\gamma_W$	31,721		
Vol. der Probe $V = V_1 - V_3$ *(cm^3)*	25,693		

Porenvolumen und Porenziffer

$n = 100 - a \cdot 100$ (%) $\varepsilon = 1/a - 1$

Spez. Gew. d. Bodens γ_s *(g/cm^3)*	2,71		
Gew. d. trockenen Bodenprobe G_t *(g)*	32,417		
$a = G_t / V \cdot \gamma_s$	0,466		
Porenvolumen n *(%)*	53,4		
Porenziffer ε	1,15		

Abb.2.1 Formular für die Bestimmung des Porenvolumens und der Porenziffer.

Grundlagen

Das Raumgewicht γ ist definiert als das Verhältnis des Gewichtes der ungestörten feuchten Bodenprobe G_n zum Volumen dieser Bodenprobe V:

$$\gamma = \frac{G_n}{V} \qquad (g/cm^3) \qquad (2.6)$$

Die Kenntnis des Raumgewichtes, des spezifischen Gewichtes und des Wassergehaltes reicht aus, um das Porenvolumen und die Porenziffer bestimmen zu können.

Lösung

Die Gleichung für die Bestimmung des Porenvolumens lautet:

$$n = \frac{V - V_t}{V} \cdot 100 \qquad (\%) \qquad (2.7)$$

Für V wird ein Volumen von 100 cm^3 angenommen. Für V_t gilt die Beziehung:

$$V_t = \frac{G_t}{\gamma_s} \qquad (g) \qquad (2.8)$$

Nun ist das Gesamtgewicht G gleich der Summe aus dem Gewicht der Festmasse G_t und dem Wassergewicht G_w:

$$G = G_t + G_w \qquad (g) \qquad (2.9)$$

oder:

$$\gamma \cdot V = G_t + G_w \qquad (g) \qquad (2.10)$$

Aus der Gleichung für die Bestimmung des Wassergehaltes läßt sich G_w ermitteln:

$$w = \frac{G_w}{G_t} \cdot 100 \qquad \text{oder} \qquad G_w = \frac{w \cdot G_t}{100} \qquad (g) \qquad (2.11)$$

Gl.(2.11) in Gl.(2.10) eingesetzt, ergibt:

$$\gamma \cdot V = G_t + \frac{w \cdot G_t}{100} = G_t \cdot \left(1 + \frac{w}{100}\right) \qquad (g) \qquad (2.12)$$

Damit wird:

$$G_t = \frac{\gamma \cdot V}{\left(1 + \frac{w}{100}\right)} \qquad (g) \qquad (2.13)$$

Gl.(2.13) in Gl.(2.8) eingesetzt, ergibt:

$$V_t = \frac{\gamma}{\gamma_s} \cdot \frac{V}{(1+\frac{w}{100})} \qquad (cm^3) \qquad (2.14)$$

$$V_t = \frac{1,89}{2,68} \cdot \frac{100}{1,25} = 56,4\ cm^3$$

$V_t = 56,4\ cm^3$ und $V = 100\ cm^3$ in Gl.(2.7) eingesetzt, ergibt ein Porenvolumen von:

$$n = \frac{100 - 56,4}{100} \cdot 100 = 43,6\,\% \qquad (2.15)$$

Für die Porenziffer erhält man:

$$\varepsilon = \frac{V - V_t}{V_t} = \frac{100 - 56,4}{56,4} = 0,77 \qquad (2.16)$$

Aufgabe 5 Porenvolumen und Porenziffer

Das Porenvolumen eines lehmigen Sandes beträgt n=34,82 % Welchen Wert hat die Porenziffer ε ?

Lösung

Die Gl.(2.3) kann folgendermaßen umgeformt werden:

$$a = \frac{100 - n}{100} \qquad (2.17)$$

Gl.(2.17) in Gl.(2.4) eingesetzt, ergibt:

$$\varepsilon = \frac{100}{100 - n} - 1 = \frac{n}{100 - n} \qquad (2.18)$$

Somit ist die Porenziffer:

$$\varepsilon = \frac{34,82}{100 - 34,82} = 0,53$$

2.2 Berechnungstafeln und Zahlenwerte

Anteil des Glimmers in %	Porenvolumen n (%)	Porenziffer ε
0,5	47	0,89
10,0	60	1,50
20,0	70	2,33
40,0	77	3,35

Tabelle 2.1 Das Porenvolumen in locker gelagerten Sanden mit Glimmeranteil (TERZAGHI 1925).

Bodenart	Porenziffer ε	Porenvolumen n(%)
Kies	0,60 - 1,50	40 - 60
Kiessand	0,20 - 0,70	15 - 40
Sand	0,20 - 1,00	20 - 50
Sandiger Lehm	0,20 - 0,50	20 - 30
Fetter Lehm	0,40 - 1,00	30 - 50
Löß	0,80 - 1,90	45 - 65
Lößlehm	0,20 - 0,90	20 - 45
Schluff	0,60 - 1,90	40 - 65
Fester Ton	0,20 - 0,70	20 - 40
Steifer Ton	0,40 - 1,00	30 - 50
Magerer Ton	0,60 - 1,50	40 - 60
Weicher Ton	0,60 - 2,40	40 - 70
Fetter Ton	0,60 - 9,00	40 - 90

Tabelle 2.2 Porenziffern und Porenvolumen verschiedener Böden.

2.3 Literatur

SLICHTER (1899) Theoretical investigation of the motion of groundwaters. U.S. Geol. Survey, 19th Ann.Rep. Part 2, S.301-384.

TERZAGHI (1925) Erdbaumechanik auf bodenphysikalischer Grundlage. Deuticke Leipzig und Wien.

GEUZE (1948) Critical density of some dutch sands. Proc.II Int.Conf.Soil Mech.Found.Eng.Rotterdam, Bd.III, S.125.

GIBBS/HOLTZ (1957) Research on determining the density of sands by spoon penetration testing. Proc.4th Int.Conf. Soil Mech.Found.Eng. Bd.1, S.35.

FAHMY (1960) Zur Definition der kritischen Dichte von Sanden. Veröff.Inst.Bodenmech.u.Grundbau, T.H. Karlsruhe, H.5.

LADANYI (1960) Étude de relations entre les contraintes et les déformations lors du cisaillement des sols pulvérulents. Ann.Trav.Publ.Belg., S.241.

SCHULTZE/MUHS (1967) Bodenuntersuchungen für Ingenieurbauten, 2. Aufl. Springer-Verlag Berlin-Heidelberg-New York.

3. Lagerungsdichte und relative Dichte

3.1 Aufgaben

Aufgabe 6 Bestimmung der Lagerungsdichte im Laborversuch

Abb.3.1 zeigt ein Formular für die Ermittlung der Lagerungsdichte und der relativen Dichte. Es enthält die Berechnung der Lagerungsdichte D und der relativen Dichte D_r eines Kiessandes. Wie das Ergebnis zeigt, hat der Kiessand in seiner dichtesten Lagerung ein Porenvolumen von n_d = 27,6 % und in seiner lockersten Lagerung ein Porenvolumen von n_o = 41,2 %. Das natürliche Porenvolumen beträgt n = 35,4 %.

Wie groß sind die Lagerungsdichte D und die relative Dichte D_r?

Grundlagen

Die Lagerungsdichte D wird durch die Gl.(3.1) definiert:

$$D = \frac{n_o - n}{n_o - n_d} \tag{3.1}$$

n = Porenvolumen bei natürlicher Lagerung

n_o = Porenvolumen bei lockerster Lagerung

n_d = Porenvolumen bei dichtester Lagerung

D hat den Wert 1, wenn das natürliche Porenvolumen n gleich dem Porenvolumen bei dichtester Lagerung ist. D hat den Wert 0, wenn das natürliche Porenvolumen n gleich dem Porenvolumen bei lockerster Lagerung ist.

Die relative Dichte D_r wird durch die Gl.(3.2) definiert:

$$D_r = \frac{\varepsilon_o - \varepsilon}{\varepsilon_o - \varepsilon_d} \tag{3.2}$$

Lösung

Die Lagerungsdichte D und die relative Dichte D_r sind

Lagerungsdichte und relative Dichte nichtbindiger Böden

Bodenprobe Kiessand Versuch Nr. 1

Entnahmestelle Talstraße Datum 21.8.70

Bohrung Nr. A1 Bearbeiter

Proben Nr. P1 Spez. Gew. γ_s = 2,65 g/cm³

Verwendete Gefäße

Bezeichnung	P1		
Für die Entnahme V_n (cm³)	742,4		
Für lose Lagerung V_0 (cm³)	516,1		

Trockengewicht im natürlichen Zustand

Gewicht trocken + Tara G_2 (g)	1576,5		
Tara G_1 (g)	304,8		
Trockengewicht $G_2 - G_1 = G_t$ (g)	1271,7		

Volumen bei dichtester Lagerung

Vor der Verdichtung V_0 (cm³)	516,1		
Vol. der Setzung V_s (cm³)	96,8		
Nach d. Verdichtung $V_0 - V_s = V_d$ (cm³)	419,3		

$$n = 100 - \frac{100}{V_n \cdot \gamma_s} \cdot G_t = 100 - \frac{100}{742{,}4 \cdot 2{,}65} \cdot 1271{,}7 = 35{,}4\ \%$$

$$\varepsilon = \frac{n}{100 - n} = \frac{35{,}4}{100 - 35{,}4} = 0{,}55 \quad ; \quad G_t' = 804{,}4\ g$$

$$n_0 = 100 - \frac{100}{V_0 \cdot \gamma_s} \cdot G_t' = 100 - \frac{100}{516{,}1 \cdot 2{,}65} \cdot 804{,}4 = 41{,}2\ \%$$

$$\varepsilon_0 = \frac{n_0}{100 - n_0} = \frac{41{,}2}{100 - 41{,}2} = 0{,}70$$

$$n_d = 100 - \frac{100}{V_d \cdot \gamma_s} \cdot G_t' = 100 - \frac{100}{419{,}3 \cdot 2{,}65} \cdot 804{,}4 = 27{,}6\ \%$$

$$\varepsilon_d = \frac{n_d}{100 - n_d} = \frac{27{,}6}{100 - 27{,}6} = 0{,}38$$

$$D = \frac{n_0 - n}{n_0 - n_d} = \frac{41{,}2 - 35{,}4}{41{,}2 - 27{,}6} = \frac{5{,}8}{13{,}6} = 0{,}43$$

$$D_r = \frac{\varepsilon_0 - \varepsilon}{\varepsilon_0 - \varepsilon_d} = \frac{0{,}70 - 0{,}55}{0{,}70 - 0{,}38} = \frac{0{,}15}{0{,}32} = 0{,}47$$

Abb. 3.1 Lagerungsdichte und relative Dichte nichtbindiger Böden.

nach den Gl.(3.1) und (3.2) im unteren Teil des Formulares Abb.3.1 errechnet.

$$D = 0{,}43$$
$$D_r = 0{,}47$$

Ergebnisse

Die Berechnung zeigt, daß die Zahlenwerte für D und D_r voneinander abweichen. D_r ist stets größer als D. Zwischen den beiden Ausdrücken besteht folgender Zusammenhang:

$$D = D_r \cdot \frac{1 + \varepsilon_d}{1 + \varepsilon} \qquad (3.3)$$

$$D_r = D \cdot \frac{1 - n_d}{1 - n} \qquad (3.4)$$

In den USA und anderen englisch sprechenden Ländern ist die relative Dichte gebräuchlicher als die Lagerungsdichte. Der Unterschied ist nur graduell. Beide Werte drücken das gleiche aus und können nebeneinander verwendet werden.

Aufgabe 7 Negative Lagerungsdichte

Eine Aufschüttung aus Kiessand hat ein Porenvolumen von n = 43,2 %. Im Laboratorium wurde das kleinste Porenvolumen mit n_d = 16,8 % und das größte mit n_o = 40,4 % ermittelt.

Welche Lagerungsdichte hat der Kiessand?
Wie ist das Ergebnis zu deuten?

Lösung

Nach Gl.(3.1) ist:

$$D = \frac{40{,}4 - 43{,}2}{40{,}4 - 16{,}8} = -0{,}12$$

Ergebnisse

In besonderen Fällen kann die Lagerungsdichte auch einen negativen Wert annehmen. Nach SCHULTZE (1967) liegt der Grund hierfür darin, daß bei der Herstellung von Schüttungen nie ofentrockener Sand oder Kies verwendet wird. Das Material ist stets erdfeucht und läßt auf Grund der vorhandenen scheinbaren Kohäsion eine Klumpenbildung zu, die eine viel lockerere Lagerung ergibt, als dies bei der Versuchsdurchführung mit ofentrockenem Sand der Fall ist.

3.2 Berechnungstafeln und Zahlenwerte

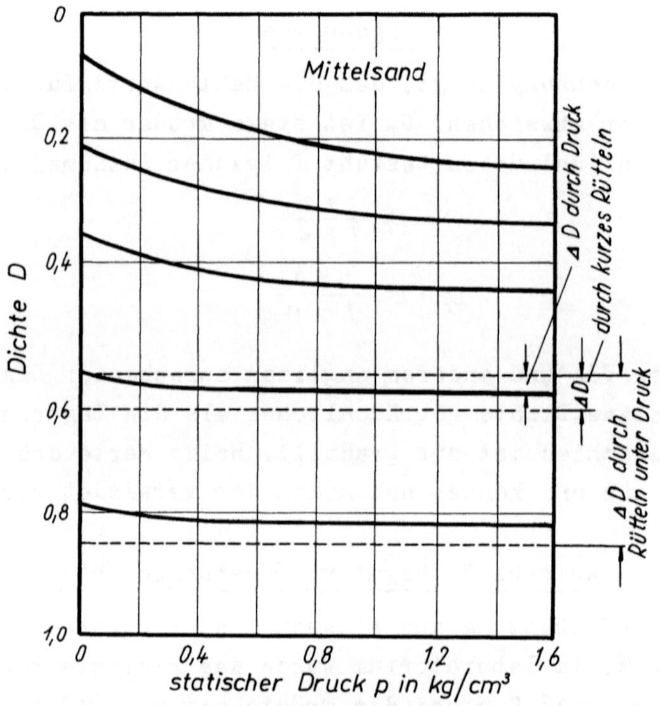

Abb.3.2 Die Verdichtung von Sand bei verschiedenen Verfahren (PETERMANN 1955).

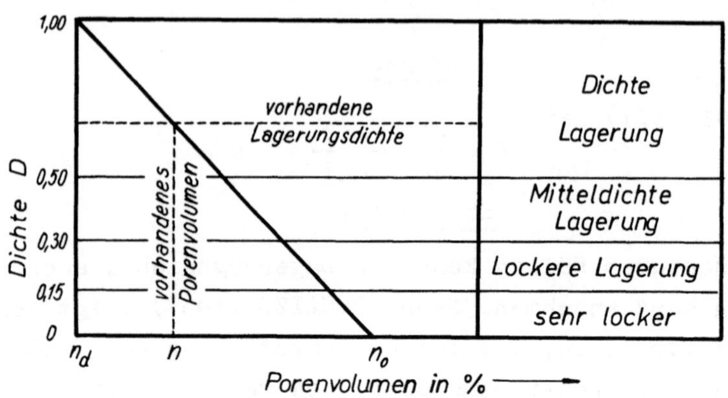

Abb.3.3 Zusammenhang zwischen Porenvolumen, Lagerungsdichte und Bezeichnung der Lagerung (SCHULTZE 1967).

3.3 Literatur

TERZAGHI/PECK (1962) Soil mechanics in engineering practice. Wiley & Sons New York, S.27.

LEUSSINK/KUTZNER (1962) Laboratoriumsversuch zur Feststellung der dichtesten Lagerung körniger Erdstoffe. Veröff.Inst.Bodenmech.u.Grundbau T.H.Karlsruhe, H.8.

PETERMANN (1955) Bodenmechanik. Taschenbuch für Bauingenieure, 2. Aufl., Band II. Springer-Verlag Berlin-Göttingen-Heidelberg, S. 7.

SCHULTZE (1966) Lockere und dichte Böden. Mitt.Inst. Baumaschinen u. Baubetrieb T.H.Aachen, H.9, S.107.

SCHULTZE/MUHS (1967) Bodenuntersuchungen für Ingenieurbauten, 2. Aufl. Springer-Verlag Berlin-Heidelberg-New York, S. 371.

4. Der Sättigungsgrad

4.1 Aufgaben

Aufgabe 8 Sättigungsgrad und Wassergehalt

Eine Bodenprobe hat im natürlichen Zustand ein Gewicht von 152 g und im trockenen Zustand ein Gewicht von 109 g. Vor der Trocknung wurde das Volumen der Probe bestimmt. Es betrug 97,4 cm^3. Das spezifische Gewicht ist $\gamma_s = 2,65\ t/m^3$.

Welchen Sättigungsgrad hat der Boden?

Grundlagen

Der Sättigungsgrad ist eine dimensionslose Zahl und ist definiert als das Verhältnis des Wasservolumens V_w zum Hohlraumvolumen V_0. In Abb.1.3 sind diese Volumina erläutert.

$$s_w = \frac{V_w}{V_0} \qquad (4.1)$$

Nach Gl.(2.2) ist:

$$\varepsilon = \frac{V_0}{V_t}$$

oder:

$$V_0 = \varepsilon \cdot V_t \qquad (cm^3) \qquad (4.2)$$

und nach Gl.(1.1) ist:

$$w = \frac{G_W}{G_t} \cdot 100 \qquad (\%)$$

Für G_w kann man schreiben:

$$G_w = V_w \cdot \gamma_w \qquad (g)$$

und für G_t kann man schreiben:

$$G_t = V_t \cdot \gamma_s \qquad (g)$$

Mit $\gamma_w = 1$ erhält man für den Wassergehalt w:

$$w = \frac{V_w \cdot 100}{V_t \cdot \gamma_s} \qquad (\%) \qquad (4.3)$$

oder:

$$V_w = \frac{w \cdot V_t \cdot \gamma_s}{100} \qquad (cm^3) \qquad (4.4)$$

Gl.(4.2) und (4.4) in Gl.(4.1) eingesetzt, ergibt:

$$s_w = \frac{w \cdot \gamma_s}{100 \cdot \varepsilon} \qquad (4.5)$$

Lösung

Nach der Gl.(4.5) ist der Sättigungsgrad:

$$s_w = \frac{w \cdot \gamma_s}{100 \cdot \varepsilon}$$

Der Wassergehalt w ist nach Gl.(1.1):

$$w = \frac{G_w}{G_t} \cdot 100 = \frac{G_n - G_t}{G_t} \cdot 100$$

$$w = \frac{152 - 109}{109} \cdot 100 = 39{,}5 \ \%$$

Die Porenziffer ε ist nach der Gl.(2.4):

$$\varepsilon = \frac{V \cdot \gamma_s}{G_t} - 1 = \frac{97{,}4 \cdot 2{,}65}{109} - 1$$

$$\varepsilon = 2{,}37 - 1 = 1{,}37$$

Die Werte für w und ε in die Gl.(4.5) eingesetzt, ergibt einen Sättigungsgrad von:

$$s_w = \frac{39{,}5 \cdot 2{,}65}{100 \cdot 1{,}37} = 0{,}76$$

Ergebnisse

Abb.4.1 gibt für die Sättigungsgrade von 0 bis 1 an, in welchem Zustand sich der Boden hinsichtlich seiner Wassersättigung befindet. Ein Boden mit einem Sättigungsgrad von s_w = 0,76 ist nach dieser Klassifizierung ein sehr nasser Boden. Die deutsche Klassifizierung deckt sich nicht immer mit der amerikanischen. Nach der Tab.4.1 würde man in den USA den Boden als "wet", in deutscher Übersetzung also als naß bezeichnen. Bei der Anwendung der deutschen Bezeichnungen im Ausland ist daher auf diese Abweichungen zu achten.

Aufgabe 9 Sättigungsgrad und Porenvolumen

Eine Bodenprobe hat einen Wassergehalt von w = 34,8 % und ein Raumgewicht im natürlichen Zustand von γ = 1,82t/m^3. Das spezifische Gewicht ist γ_s = 2,71 t/m^3.

Wie groß sind Porenvolumen und Sättigungsgrad des Bodens?

Grundlagen

Um die Gl.(4.5) lösen zu können, muß aus den in dieser Aufgabe gegebenen Werten die Porenziffer ε bestimmt werden. Alle übrigen Daten sind in der Aufgabenstellung angegeben. Da auch die Frage nach der Größe des Porenvolumens n gestellt ist, ist es zweckmäßig, zunächst das Porenvolumen und aus dem Porenvolumen die Porenziffer zu bestimmen.

Nach Gl.(2.7) ist das Porenvolumen

$$n = \frac{V - V_t}{V} \cdot 100 = \left(1 - \frac{V_t}{V}\right) \cdot 100$$

$$n = 100 - \frac{V_t}{V} \cdot 100 \qquad (\%) \qquad (4.6)$$

Nach Gl.(1.1) ist der Wassergehalt:

$$w = \frac{G_w}{G_t} \cdot 100 \qquad (\%)$$

Mit $G_w = V \cdot \gamma - G_t$ ist:

$$w = \left(\frac{V \cdot \gamma}{G_t} - 1 \right) \cdot 100 \qquad (\%) \qquad (4.7)$$

Mit $G_t = V_t \cdot \gamma_s$ ist:

$$w = \frac{V}{V_t} \cdot \frac{\gamma}{\gamma_s} \cdot 100 - 100 \qquad (\%) \qquad (4.8)$$

Aus Gl.(4.6) ergibt sich nach Umformung:

$$V_t = V \cdot \frac{100 - n}{n} \qquad (cm^3) \qquad (4.9)$$

Aus Gl.(4.8) ergibt sich nach Umformung:

$$V_t - V \cdot \frac{\gamma}{\gamma_s} \cdot \frac{100}{w + 100} \qquad (cm^3) \qquad (4.10)$$

Gl.(4.9) und (4.10) gleichgesetzt, ergibt:

$$\frac{100 - n}{100} = \frac{\gamma}{\gamma_s} \cdot \frac{100}{w + 100} \qquad (4.11)$$

Daraus erhält man als Bestimmungsgleichung für das Porenvolumen:

$$n - \left[1 - \frac{\gamma}{\gamma_s} \left(\frac{100}{w + 100} \right) \right] \cdot 100 \qquad (\%) \qquad (4.12)$$

Lösung

Das Porenvolumen beträgt nach Gl.(4.12):

$$n = \left(1 - \frac{1{,}82}{2\,71} \cdot \frac{100}{134{,}8} \right) \cdot 100$$

$$n - (1 - 0{,}50) \cdot 100 - 50\,\%$$

Die Porenziffer ist nach Gl.(2.18):

$$\varepsilon = \frac{n}{100 - n} - \frac{50}{50} - 1{,}0$$

Der Sättigungsgrad ist nach Gl.(4.5)

$$s_w = \frac{w \cdot \gamma_s}{100 \cdot \varepsilon} = \frac{34,8 \cdot 2,71}{100 \cdot 1,0} = 0,92$$

Ergebnisse

Der Boden hat einen Sättigungsgrad von $s_w = 0,92$. Nach den Bezeichnungen der Abb.4.1 handelt es sich um einen sehr nassen, nahezu wassergesättigten Boden.

Die Aufgaben 8 und 9 zeigen, daß zwei Wege zur Verfügung stehen, um den Sättigungsgrad s_w zu bestimmen. Für den ersten Weg benötigt man folgende Kennwerte:

a) das spezifische Gewicht γ_s
b) den Wassergehalt w
c) die Porenziffer ε .

Wie das Beispiel der Aufgabe 9 zeigt, läßt sich der Sättigungsgrad s_w auch ermitteln, wenn folgende Kennwerte gegeben sind :

a) das spezifische Gewicht γ_s
b) der Wassergehalt w
c) das Raumgewicht im erdfeuchten Zustand γ .

Da für die Bestimmung des Raumgewichtes γ der Boden nicht getrocknet werden muß, ist es meistens praktischer, den Sättigungsgrad s_w nach dem zweiten Verfahren zu ermitteln.

4.2 Berechnungstafeln und Zahlenwerte

Sättigungsgrad s_w	Bezeichnung
0	Dry
0,10 - 0,25	Humid
0,25 - 0,50	Damp
0,50 - 0,75	Moist
0,75 - 0,99	Wet
1	Saturated

Tabelle 4.1 Englische und amerikanische Bezeichnungen des Feuchtigkeitszustandes.

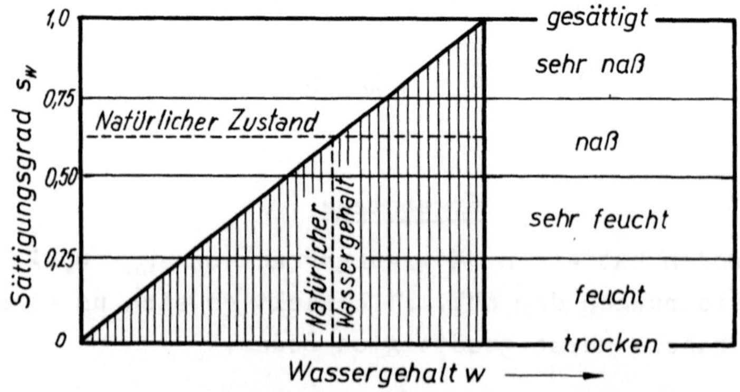

Abb.4.1 Bezeichnungen für den Feuchtigkeitszustand.

4.3 Literatur

TERZAGHI/PECK (1962) Soil mechanics in engineering practice. Wiley & Sons New York, S.27.

KEZDI (1964) Bodenmechanik I. Akadémiai Kiadó Budapest, S.74.

NAUJOKS (1964) Untersuchungen zum Nachweis eines spezifischen Sättigungsgrades. Mitt.Bundesanstalt f. Wasserbau Karlsruhe, H.21, S.3.

SCHULTZE/MUHS (1967) Bodenuntersuchungen für Ingenieurbauten, 2. Auflage. Springer-Verlag Berlin-Heidelberg-New York, S. 381.

5. Das Raumgewicht

5.1 Aufgaben

Aufgabe 10 Bestimmung des Raumgewichtes im Laborversuch

Zur Bestimmung des Raumgewichtes eines Lehmes wurde eine ungestörte Bodenprobe entnommen. Die Bodenprobe wog einschließlich des Entnahmestutzens 1241,47 g. Der Entnahmestutzen hat ein Gewicht von 931,76 g. Das Volumen der Probe wurde durch Eintauchen bestimmt. Die Probe wog mit einem Anstrich aus Schellack 322,54 g, und das verdrängte Wasser hatte ein Gewicht von 159,33 g.

Raumgewicht

Bodenprobe: Lehm — Versuch Nr.: 17

Entnahmestelle: Siemens A.G. — Datum: 5.4.1970

Bohrung Nr.: B4 — Bearbeiter:

Proben Nr.: P6

Natürliches Gewicht G_n

Bezeichnung	P6	
Gew. d. Bodenprobe + Tara G_1 (g)	1241,47	
Tara G_2 (g)	931,76	
Natürliches Gewicht $G_1 - G_2 = G_n$ (g)	309,71	

Volumenbestimmung durch Eintauchen

Gew. ohne Anstrich G_n (g)	309,71	
Gew. mit Anstrich G_2 (g)	322,54	
Gew. des Anstrichs $G_3 = G_2 - G_n$ (g)	12,83	
Vol. d. Anstrichs $V_3 = G_3/\gamma_3$ (g)	12,83	
Verdrängtes Vol. d. Wassers $V_1 = G_W/\gamma_W$	159,33	
Vol. d. Probe $V = V_1 - V_3$ (cm^3)	146,50	

Anstrichmittel: Schellack — Spez. Gew. γ_3 = 1,0 g/cm^3

Spez. Gew. d. Wassers γ_W: 1,0 g/cm^3

$$\gamma = \frac{G}{V} = \frac{309{,}71}{146{,}50} = 2{,}11\ g/cm^3$$

Bemerkungen: Keine

Abb.5.1 Formular für die Bestimmung des Raumgewichtes.

Welches Raumgewicht γ hat der untersuchte Lehm?

Lösung

Zur Lösung dient das Formular für die Bestimmung des Raumgewichtes (Abb.5.1). Die Berechnung ist in diesem Formular durchgeführt. Das Raumgewicht beträgt γ = 2,11 t/m³.

Ergebnisse

Ein Lehm mit dem Raumgewicht γ = 2,11 t/m³ ist als gut verdichteter, fester Lehm zu bezeichnen. Die Tab.5.1 gibt einen Überblick über die möglichen Raumgewichte von Lehm. In der Tab.5.1 sind weitere Raumgewichte angegeben, in denen sich die verschiedenen Böden bewegen können.

Aufgabe 11 Raumgewicht und Wassergehalt

Eine Bodenprobe, bestehend aus Löß, hat ein spezifisches Gewicht von γ_s = 2,68 t/m³. Das Porenvolumen beträgt n = 52,2 %. Der Wassergehalt ist w = 29,4 %.

Welches Raumgewicht γ hat die Bodenprobe im gegebenen feuchten Zustand?

Grundlagen

Das Raumgewicht γ ist definiert als das Verhältnis des natürlichen Gewichtes G_n einer Bodenprobe zu ihrem Volumen V und wird in g/cm³ oder t/m³ ausgedrückt:

$$\gamma = \frac{G_n}{V} \qquad (g/cm^3) \qquad (5.1)$$

Mit den Beziehungen der Abb.1.3 ist:

$$\gamma = \frac{G_t + G_w}{V} \qquad (g/cm^3) \qquad (5.2)$$

Für G_t läßt sich schreiben:

$$G_t = V_t \cdot \gamma_s \qquad (g) \qquad (5.3)$$

Für G_w läßt sich mit der Definition des Wassergehaltes w (Gl.(1.1)) schreiben:

$$G_w = \frac{w \cdot G_t}{100} = \frac{w}{100} \cdot V_t \cdot \gamma_s \qquad (g) \qquad (5.4)$$

Die Gl.(5.3) und (5.4) in Gl.(5.2) eingesetzt, ergibt:

$$\gamma = \frac{V_t \cdot \gamma_s + {}^{w}/_{100} \cdot V_t \cdot \gamma_s}{V} = \frac{V_t \cdot \gamma_s \cdot (1 + {}^{w}/_{100})}{V} \qquad (g/cm^3) \qquad (5.5)$$

Für V läßt sich mit der Definition des Porenvolumens n, Gl.(2.1), schreiben:

$$V = \frac{V_o}{n} \cdot 100 \qquad (cm^3) \qquad (5.6)$$

Für V_o läßt sich schreiben:

$$V_o = V - V_t \qquad (cm^3) \qquad (5.7)$$

Gl.(5.7) in Gl.(5.6) eingesetzt, ergibt:

$$V = \frac{V \cdot 100 - V_t \cdot 100}{n} \qquad (cm^3) \qquad (5.8)$$

Nach weiterer Umformung ist:

$$V \cdot (100 - n) = V_t \cdot 100$$

$$V = \frac{V_t}{(1 - {}^{n}/_{100})} \qquad (cm^3) \qquad (5.9)$$

Gl.(5.9) in Gl.(5.5) eingesetzt, ergibt:

$$\gamma = \gamma_s \left(1 + \frac{w}{100}\right) \cdot \left(1 - \frac{n}{100}\right) \qquad (g/cm^3) \qquad (5.10)$$

Lösung

Mit der Gl.(5.10) ist das Raumgewicht γ bestimmt, wenn das spezifische Gewicht γ_s , das Porenvolumen n und der Wassergehalt w bekannt sind.

Es ist:

$$\gamma = 2{,}68 \cdot (1 + 0{,}294) \cdot (1 - 0{,}522)$$

$$\gamma = 1{,}66 \quad t/m^3$$

Zum gleichen Ergebnis kommt man bei der Benutzung der Abb.5.2. Für n = 52,2 % und w = 29,4 % ergibt sich $\gamma/\gamma_s = 0{,}615$. Damit ist

$$\gamma = 0{,}615 \cdot \gamma_s = 0{,}615 \cdot 2{,}68 = 1{,}65 \ t/m^3$$

Ergebnisse

Abb.5.2 zeigt in anschaulicher Weise, wie groß die Unterschiede im Raumgewicht eines Bodens sein können. Das Raumgewicht nimmt bei konstantem Porenvolumen zu, je mehr sich der Boden mit Wasser sättigt. Bei Böden mit großem Porenvolumen sind die Unterschiede größer als bei Böden mit geringem Porenvolumen. Stark poröse Böden können im gesättigten oder nahezu gesättigten Zustand ein Raumgewicht haben, das 50 % und mehr größer ist als im trockenen Zustand.

So hat zum Beispiel ein Boden mit einem Porenvolumen von n = 60 % und einem spezifischen Gewicht von $\gamma_s = 2{,}65$ t/m^3 im trockenen Zustand ein Raumgewicht von $\gamma = 1{,}06$ t/m^3, während er im gesättigten Zustand einen Wert von $\gamma = 1{,}66$ t/m^3 erreichen kann, wie man nach kurzer Rechnung der Abb.5.2 sofort entnehmen kann.

Es genügt daher nicht, nur das natürliche Raumgewicht eines Bodens zu ermitteln und für weitere Rechnungen zu verwenden, vielmehr muß immer auch das Porenvolumen n bestimmt werden, um die Gefahr abschätzen zu können, die sich bei zunehmender Sättigung und Erhöhung des Raumgewichtes für die Standsicherheit eines Bauwerkes ergibt.

Aufgabe 12 Raumgewicht und Sättigungsgrad

Eine Bodenprobe, bestehend aus Sand, hat ein spezifisches Gewicht von $\gamma_s = 2{,}65$ t/m^3. Die völlig trockene Probe hat ein Porenvolumen von n = 35,9 %.

Welches Raumgewicht γ_t hat die Probe in diesem Zustand?
Welches Raumgewicht γ_g hat die Probe im gesättigten Zu-

stand, und welches Raumgewicht γ_a ergibt sich, wenn sie völlig ins Wasser eingetaucht wird?

Lösung

Setzt man in Gl.(5.10) den Wassergehalt w = 0, so erhält man die Gleichung für das Raumgewicht eines völlig trockenen Bodens:

$$\gamma_t = \gamma_s \left(1 - \frac{n}{100}\right) \qquad (t/m^3) \qquad (5.11)$$

Mit den gegebenen Werten ist:

$$\gamma_t = 2{,}65 \cdot (1 - 0{,}359) = 1{,}70 \ t/m^3$$

Das gleiche Ergebnis findet man auch bei Anwendung der Abb.5.2. Für w = 0 und n = 35,9 % ist γ/γ_s = 0,64 und:

$$\gamma = 0{,}64 \cdot 2{,}65 = 1{,}70 \ t/m^3$$

Setzt man in der Gl.(5.10) für den Wassergehalt:

$$w = n \cdot \frac{1}{\gamma_s} \cdot \frac{1}{(1 - n/100)} \qquad (\%) \qquad (5.12)$$

das ist derjenige Wassergehalt, der sich nach der Gl.(4.5) des Sättigungsgrades für s_w = 1 ergibt, so erhält man die Gleichung für das Raumgewicht bei völliger Wassersättigung:

$$\gamma_g = \gamma_s \left[1 + \frac{1}{\gamma_s} \cdot \frac{1}{(1 - n/100)} \cdot \frac{n}{100}\right] \cdot \left(1 - \frac{n}{100}\right) \ (t/m^3) \quad (5.13)$$

$$\gamma_g = \left[\gamma_s + \frac{n}{100-n}\right]\left[\frac{100-n}{n}\right] \qquad (t/m^3) \quad (5.14)$$

$$\gamma_g = \gamma_s \cdot \left(1 - \frac{n}{100}\right) + \frac{n}{100} \qquad (t/m^3) \quad (5.15)$$

Mit den gegebenen Werten ist das Raumgewicht des gesättigten Bodens:

$$\gamma_g = 2{,}65 \cdot (1 - 0{,}359) + 0{,}359 = 2{,}06 \ t/m^3$$

Zu dem gleichen Ergebnis führt auch die Anwendung der Abb.5.2.

Der maximale Wassergehalt ist bei völliger Wassersättigung nach Gl.(5.12):

$$w_{max} = \frac{0{,}359}{2{,}65} \cdot \frac{1}{1-0{,}359} = 0{,}211 = 21{,}1\ \%$$

Nach Abb.5.2 ist dafür:

$$\gamma/\gamma_s = 0{,}78$$

$$\gamma_g = 0{,}78 \cdot 2{,}65 = 2{,}07\ t/m^3$$

Wenn der Boden unter Auftrieb steht, dann ist:

$$\gamma_a = \gamma_g - 1 \qquad (t/m^3) \qquad (5.16)$$

$$\gamma_a = 1{,}07\ t/m^3$$

5.2 Berechnungstafeln und Zahlenwerte

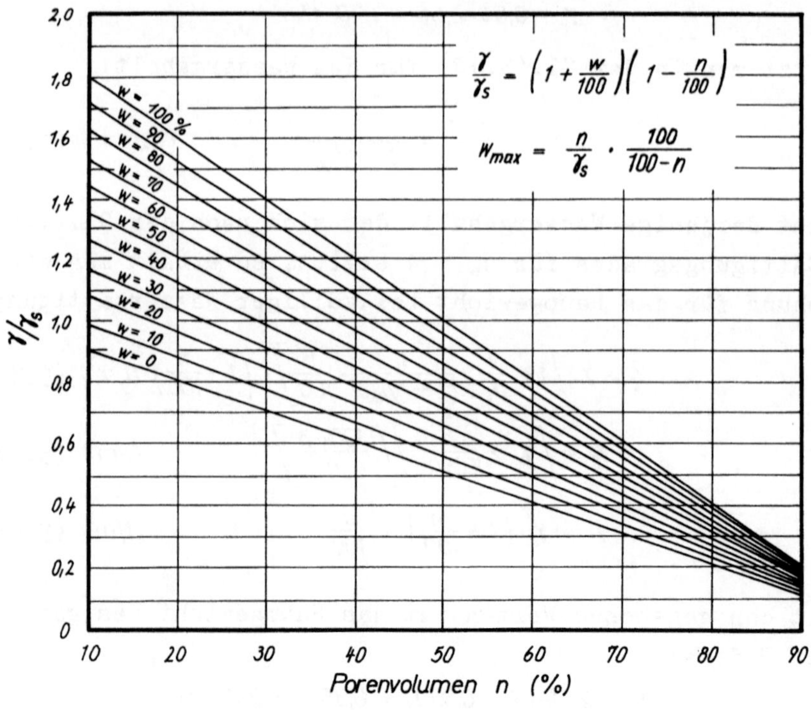

Abb.5.2 γ/γ_s als Funktion des Porenvolumens n und des Wassergehaltes w.

Bodenart	Raumgewicht γ (t/m^3)			
	trocken	erd- feucht	wasser- gesät- tigt	unter Auftrieb
	γ_t	γ_f	γ_g	γ_a
Moränenkies, gerüt- telt...............	2,1	---	---	1,3
lose geschüttet....	1,8	---	---	1,1
Splitt,Schotter, scharfkantig				
mitteldicht........	1,9-2,0	---	---	1,2-1,3
locker.............	1,8-1,9	---	---	1,1-1,2
Kies, mittel bis grob				
mitteldicht........	1,9-2,0	1,9-2,1	2,2-2,4	1,1-1,3
locker.............	1,8-1,9	1,8-2,0	2,1-2,3	1,0-1,2
Kiessand				
mitteldicht........	1,8-2,0	1,9-2,1	2,0-2,2	1,0-1,2
locker.............	1,4-1,7	1,6-1,8	1,8-2,0	0,8-1,0
Sand, scharfkörnig				
mitteldicht........	1,8-2,0	1,9-2,1	2,0-2,2	1,0-1,2
locker.............	1,4-1,7	1,6-1,8	1,8-2,0	0,8-1,0
Sand, rundkörnig				
mitteldicht........	1,8-2,0	1,9-2,1	2,0-2,2	1,0-1,2
locker.............	1,4-1,7	1,8-1,8	1,8-2,0	0,8-1,0
Sand, Schluff				
mitteldicht........	---	1,5-2,1	---	1,1-1,4
locker.............	---	1,3-2,0	---	0,8-1,0
Schluff..............	---	1,7-1,9	---	0,7-0,9
Löß..................	---	1,8-2,2	---	0,8-1,2
Lehm, Geschiebemergel fest..............	---	1,8-2,3	---	0,8-1,3
Lehm, Lößlehm, san- diger Ton, weich......	---	1,8-2,2	---	0,8-1,2
Ton, hart.............	---	2,0-2,2	---	1,0-1,2
halbfest...........	---	1,8-2,0	---	0,8-1,0
steif..............	---	1,7-1,9	---	0,7-0,9
weich..............	---	1,6-1,8	---	0,6-0,8
breiig.............	---	1,5-1,6	---	0,5-0,6
Torf, Moorboden, ver- festigt unter Auf- schüttung..........	---	1,2-1,4	---	0,2-0,4

Tabelle 5.1 Natürliche Raumgewichte (PETERMANN 1955).

5.3 Literatur

PETERMANN (1955) Bodenmechanik. Taschenbuch für Bauingenieure, 2. Aufl., Band II. Springer-Verlag Berlin-Göttingen-Heidelberg, S. 46.

SCHULTZE/MUHS (1967) Bodenuntersuchungen für Ingenieurbauten, 2. Aufl. Springer-Verlag Berlin-Heidelberg-New York, S. 376.

DIN 18 125 Blatt 1 (Entwurf 1967) Bestimmung des Raumgewichtes - Labormethoden.

6. Das spezifische Gewicht

6.1 Aufgaben

Aufgabe 13 Spezifisches Gewicht und Raumgewicht

Eine völlig trockene Bodenprobe hat ein Volumen von 123,8 cm^3 und ein Gewicht von 230,0 g. Das Porenvolumen ist n = 34 %.

Welches spezifische Gewicht hat die Bodenprobe?

Grundlagen

Die Definition des spezifischen Gewichtes γ_s wurde bereits bei der Behandlung der Aufgabe 2 gegeben. Zur Lösung dieser Aufgabe wird die Gl.(5.10) verwendet, in der der Wassergehalt w = 0 gesetzt werden muß.

Lösung

Die Gl.(5.10) lautet:

$$\gamma = \gamma_s \cdot \left(1 + \frac{w}{100}\right)\left(1 - \frac{n}{100}\right) \qquad (g/cm^3)$$

Für γ ist einzusetzen:

$$\gamma = \frac{G}{V} = \frac{230{,}0}{123{,}8} = 1{,}86 \quad g/cm^3$$

Mit w = 0 und n = 34 % erhält man:

$$1{,}86 = \gamma_s \cdot (1 - 0{,}34) \quad ; \qquad \gamma_s = \frac{1{,}86}{0{,}66} = 2{,}82\ g/cm^3$$

Ergebnisse

Die Gl.(5.10) ist für alle Böden anwendbar, deren Wassergehalte und Porenvolumen bekannt sind. Hingegen kann das spezifische Gewicht eines Bodens im gesättigten Zustand aus der Gl.(5.10) nur dann bestimmt werden, wenn auch der Wassergehalt für den gesättigten Zustand bekannt ist. Einfacher ist es, die Gl.(5.15) anzuwenden, in der die Wassersättigung bereits berücksichtigt ist.

Aufgabe 14 Eichung eines Pyknometers

Für die Bestimmung des spezifischen Gewichtes ist ein Pyknometer experimentell zu eichen. Für die Eichung wurden vier Messungen durchgeführt, deren Ergebnisse die Tab.6.1 zeigt.

Tabelle 6.1 Meßdaten.

Wassertemperatur t in °C	Gewicht des Pyknometers einschließlich des Wassers in g
19,3	142,835
26,4	142,595
30,7	142,429
34,1	142,168

Das Pyknometer hat ein Gewicht von 42,774 g.

Welches Gewicht G_2 haben Pyknometer und Wasser bei einer Wassertemperatur von 21,8°C?

Vergleiche die Eichung nach der experimentellen Methode mit der Eichung nach der theoretischen Methode.

Grundlagen

Für die Eichung nach der experimentellen Methode genügen im allgemeinen drei Meßwerte des Gewichtes G_2 von Pyknometer und Wasserfüllung. Mit diesen drei Werten wird eine Eichkurve aufgetragen, die den funktionalen Zusammenhang zwischen der Wassertemperatur und dem Gewicht G_2 der Wasserfüllung und des Pyknometers wiedergibt. Aus der Eichkurve lassen sich die Werte G_2 für jede gewünschte Wassertemperatur ablesen.

Für die Eichung nach der theoretischen Methode ermittelt man die Punkte der Eichkurve nach der Gl.(6.1)

Eichung des Pyknometers
Blatt 1

Bodenprobe: Lehm — Versuch Nr.: 1

Entnahmestelle: Atlas — Datum: 4.8.69

Bohrung: B19 — Bearbeiter:

Proben Nr.: 181

Theoretisches Verfahren

$$G_2 = G_p + V_p\,(1 + \Delta t \cdot \varepsilon)(\gamma_W + \gamma_L)$$

Gew. d. Pyknometers	G_p =	42,774 g
Eichtemperatur	t_o =	20 °C
Vol. d. Pyknometers bei 20°C	V_p =	100 cm^3
Räuml. Wärmeausdehnungskoeffizient für Glas	ε =	$0{,}1 \cdot 10^{-4}$
Spez. Gew. d. Luft	γ_L =	0,0012 g/cm^3

Bezeichnung	1	2	3	4
Temperatur t in °C	20	25	30	35
Spez. Gew. d. Wassers bei t °C in g/cm^3	0,9982	0,9971	0,9957	0,9941
Gew. d. Pyknometers + Wasser, G_2 in g	142,774	142,604	142,465	142,186

Experimentelles Verfahren

Bezeichnung	1	2	3	4
Gew. d. Pyknometers + Wasser, G_2 in g	142,835	142,595	142,429	142,168
Temperatur t in °C	19,3	26,4	30,7	34,1

Bemerkungen: Keine

Abb. 6.1 Formular für die Eichung eines Pyknometers, Blatt 1.

Eichung des Pyknometers
Blatt 2

Bodenprobe Lehm	*Versuch Nr.* 1
Entnahmestelle Atlas	*Datum* 4.8.69
Bohrung B19	*Bearbeiter*
Proben Nr. 181	

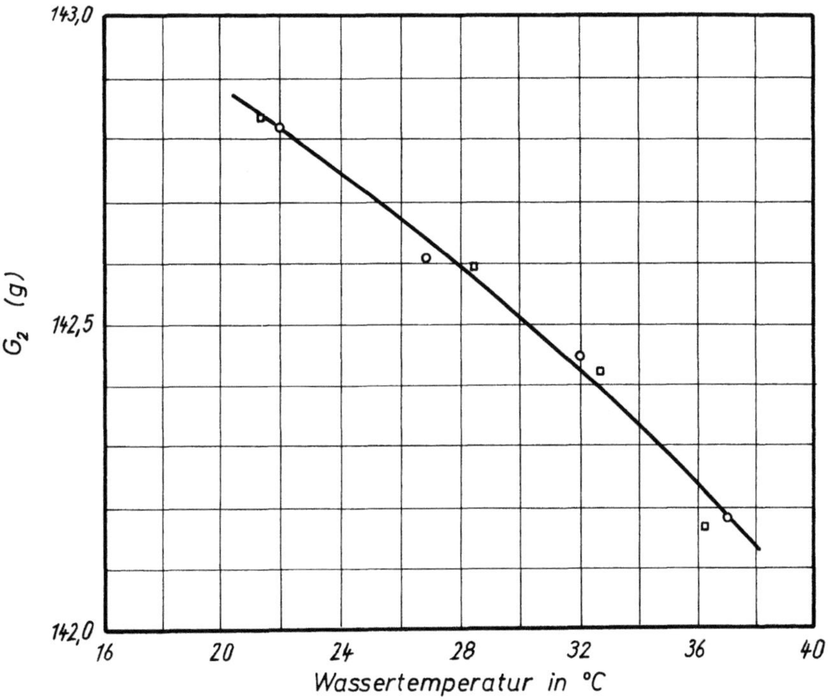

Bemerkungen:

▫ *Theoretisches Verfahren*
∘ *Experimentelles Verfahren*

Abb. 6.2 Formular für die Eichung eines Pyknometers, Blatt 2.

$$G_2 = G_p + V_p \cdot (1 + \Delta t\,\varepsilon) \cdot (\gamma_W + \gamma_L) \quad (g) \qquad (6.1)$$

G_2 = Gewicht des Pyknometers, einschließlich der Wasserfüllung in g.

G_P = Gewicht des sauberen, trockenen Pyknometers in g.

V_P = Geeichtes Volumen des Pyknometers in cm^3 bei t = 20°C.

Δt = t - 20°C

t = Temperatur in °C, für die das Gewicht G_2 bestimmt werden soll.

ε = Wärmeausdehnungkoeffizient für räumliche Ausdehnung $\varepsilon = 0{,}100 \cdot 10^{-4}$ je 1°C.

γ_W = Spezifisches Gewicht des Wassers bei t°C in g/cm^3. Die spezifischen Gewichte des Wassers für verschiedene Temperaturen sind in Tab.6.2 angeführt.

γ_L = Spezifisches Gewicht der Luft bei t°C und atmosphärischem Druck in g/cm^3.

Lediglich das Gewicht des Pyknometers muß durch Wägung im Laboratorium bestimmt werden. Man kommt also bei der theoretischen Methode mit dieser einen Wägung aus, während im Gegensatz dazu bei der experimentellen Methode mehrere Wägungen erforderlich sind.

Lösung

Zur Lösung werden die Formulare, Abb.(6.1) und (6.2), verwendet. In dem Diagramm, Abb.6.2, sind die Eichkurve nach der theoretischen Methode und die Meßwerte der Tab.6.1 nach der experimentellen Methode eingetragen.

Für eine Wassertemperatur von 21,8 °C ist G_2= 142,75 g.

Aufgabe 15 Bestimmung des spezifischen Gewichtes im Laborversuch

Das spezifische Gewicht eines Tones soll bestimmt werden. Zudiesem Zwecke wurden bei einer Temperatur der Wasserfüllung von 23,4°C folgende Meßdaten ermittelt:

Gewicht von Pyknometer + Wasser + Boden, G_1 in g........................	147,691 g
Trockener Boden + Uhrglasschale in g.....	21,424 g
Uhrglasschale in g......................	13,628 g

Zur Bestimmung des spezifischen Gewichtes wurde das gleiche Pyknometer wie in Aufgabe 14 verwendet.

Wie groß ist das spezifische Gewicht des Tones?

Grundlagen

Für die Bestimmung des spezifischen Gewichtes γ_s sind drei Meßwerte erforderlich:

Gewicht des Pyknometers + Wasser + Boden	=	G_1
Gewicht des Pyknometers + Wasser	=	G_2
Trockengewicht des Bodens	=	G_t

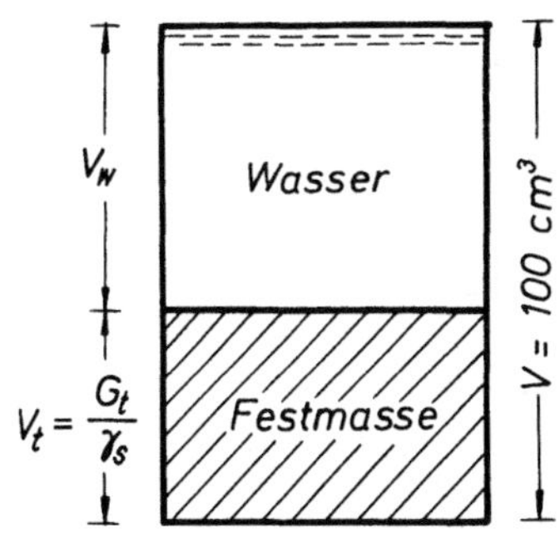

Abb. 6.3 Verteilung von Wasser und Boden in einem Pyknometer.

Abb. 6.3 zeigt schematisch die Verteilung von Boden und Wasser in einem Pyknometer. Könnte man dem Pyknometer die Festmasse entnehmen, so würden Pyknometer und Wasserfüllung ebensoviel wiegen als vermindere man das Volumen des nur mit Wasser gefüllten Pyknometers um das Volumen der Festmasse.

Dieser Sachverhalt läßt sich in Form der Gl. (6.2) ausdrücken:

Bestimmung des spezifischen Gewichtes

Bodenprobe: Ton — Versuch Nr.: 2

Entnahmestelle: Shell — Datum: 5.8.68

Bohrung: B20 — Bearbeiter:

Probe Nr.: 182

Bezeichnung	7		
Pyknometer Nr.	P1		
Gew. d. Pyknometers + Wasser + Boden, G_1 in g	147,691		
Temperatur der Wasserfüllung, t in °C	23,4		
Gew. d. Pyknometers + Wasser, G_2 in g	142,690		
Uhrglasschale Nr.	M 26		
Gew. d. Uhrglasschale + trockener Boden in g	21,424		
Gew. d. Uhrglasschale in g	13,628		
Gew. d. trockenen Bodens, G_t in g	7,796		
Spez. Gew. d. Wassers γ_w bei t°C in g/cm³	0,9975		
Spez. Gew. d. Bodens γ_s in g/cm³	2,78		

$$\gamma_s = \frac{G_t \cdot \gamma_w}{G_2 + G_t - G_1} = \frac{7{,}796 \cdot 0{,}9975}{142{,}69 + 7{,}796 - 147{,}691} = 2{,}78 \text{ g/cm}^3$$

Bemerkungen: Keine

Abb.6.4 Formular für die Bestimmung des spezifischen Gewichtes.

$$G_1 - G_t = G_2 - G_t \cdot \frac{\gamma_w}{\gamma_s} \qquad (g) \qquad (6.2)$$

Das Wasservolumen, das dem Volumen der Festmasse entspricht, hat nämlich ein Gewicht von:

$$V_t \, \gamma_w = G_t \cdot \frac{\gamma_w}{\gamma_s} \qquad (g) \qquad (6.3)$$

Aus Gl.(6.2) erhält man für das spezifische Gewicht:

$$\gamma_s = \frac{G_t \cdot \gamma_w}{G_2 + G_t - G_1} \qquad (g/cm^3) \qquad (6.4)$$

Lösung

Zur Lösung wird das Formular für die Bestimmung des spezifischen Gewichtes, Abb.6.4, verwendet, in dem die erforderlichen Werte für die Gl.(6.4) ermittelt werden. Das spezifische Gewicht des Wassers bei 23,4°C entnimmt man der Tab.6.1. Das Gewicht G_2 entnimmt man der Eichkurve, Abb.6.2, für t = 23,4°C.

Das spezifische Gewicht des Tones beträgt $\gamma_s = 2{,}78\ t/m^3$.

Ergebnisse

Die spezifischen Gewichte der Tone schwanken zwischen 2,70 t/m^3 und 2,80 t/m^3. Der untersuchte Ton hat also ein hohes spezifisches Gewicht. Nach Untersuchungen von MIHALTZ (1938) läßt ein hohes spezifisches Gewicht bei Tonen auf einen großen Anteil sehr feiner Stoffe schließen.

Die Abhängigkeit der spezifischen Gewichte verschiedener Böden von der Korngröße wird aus Abb.6.5 deutlich.

Im Abschnitt 6.2 sind weitere Tabellen enthalten, die ein Bild von den spezifischen Gewichten der wichtigsten gesteinsbildenden Mineralien und Bodenarten geben.

Im allgemeinen liegen die spezifischen Gewichte der Böden zwischen 2,65 t/m³ und 2,80 t/m³. Das spezifische Gewicht kann jedoch erheblich niedriger ausfallen, wenn einem Boden organische Stoffe beigemengt sind.

Bezeichnet man das Volumen der Festmasse der organischen Stoffe mit V_0 und das Volumen der anderen Feststoffe mit V_1, so ist das spezifische Gewicht einer Mischung dieser beiden Stoffe:

$$\gamma_s = \frac{G}{V_0 + V_1} \qquad (t/m^3) \qquad (6.5)$$

Darin ist G das gesamte Trockengewicht aller Feststoffe. Mit:

$$V_0 = \frac{G_0}{\gamma_0} \qquad (m^3) \qquad (6.6)$$

und:

$$V_1 = \frac{G_1}{\gamma_1} \qquad (m^3) \qquad (6.7)$$

wird aus Gl.(6.5):

$$\gamma_s = \frac{G}{G_0/\gamma_0 + G_1/\gamma_1} \qquad (t/m^3) \qquad (6.8)$$

Wenn α_0 den Gewichtsanteil in % der organischen Stoffe und α_1 den Gewichtsanteil der anderen Feststoffe bezeichnet, so ist:

$$G_0 = \alpha_0 \cdot G \qquad (t) \qquad (6.9)$$

$$G_1 = \alpha_1 \cdot G \qquad (t) \qquad (6.10)$$

Die Gl.(6.9) und (6.10) in die Gl.(6.8) eingesetzt, ergibt:

$$\gamma_s = \frac{1}{\alpha_0/\gamma_0 + \alpha_1/\gamma_1} \qquad (t/m^3) \qquad (6.11)$$

Angenommen, der Gewichtsanteil der organischen Stoffe sei α_0 = 10 %, γ_0 = 1,20 t/m³ und γ_1 = 2,65 t/m³, so ist:

$$\gamma_s = \frac{1}{\frac{0{,}10}{1{,}20} + \frac{0{,}90}{2{,}65}} = \frac{1}{0{,}08 + 0{,}34}$$

$$\gamma_s = \frac{1}{0{,}42} = 2{,}38 \ t/m^3$$

Die organischen Beimengungen in Höhe von α_0 = 10 % haben in diesem Falle das spezifische Gewicht um etwa 10 % vermindert.

Die Gl.(6.11) läßt sich auch anwenden, wenn man das spezifische Gewicht einer Mischung aus mehr als zwei verschiedenen Mineralien feststellen will, deren Gewichtsanteile und spezifische Gewichte bekannt sind. Es ist:

$$\gamma_s = \frac{1}{\frac{\alpha_0}{\gamma_0} + \frac{\alpha_1}{\gamma_1} + \frac{\alpha_2}{\gamma_2} + \ldots\ldots\ldots \frac{\alpha_n}{\gamma_n}} \quad (t/m^3) \quad (6.12)$$

6.2 Berechnungstafeln und Zahlenwerte

Mineral	Spezifisches Gewicht in t/m^3
Gips..................	2,32
Montmorillonit........	2,40
Orthoklas.............	2,56
Kaolinit..............	2,60
Chlorit...............	2,60 - 3,00
Quarz.................	2,66
Kalzit................	2,72
Muskowit..............	2,80 - 2,90
Dolomit...............	2,87
Serpentin und Kalkspat..................	2,70 - 3,00
Aragonit..............	2,94
Biotit................	3,00 - 3,10
Amphibol, Apatit......	3,00 - 3,10
Turmalin..............	3,00 - 3,10
Augit, Hornblendit....	3,20 - 3,40
Pyroxen, Olivin.......	3,30 - 3,60
Limonit...............	3,80
Magnetit..............	5,17

Tabelle 6.3 Spezifische Gewichte der wichtigsten gesteinsbildenden Mineralien.

°C	0	1	2	3	4	5	6	7	8	9
0	0,9999	0,9999	1,0000	1,0000	1,0000	1,0000	1,0000	0,9999	0,9999	0,9998
10	0,9997	0,9996	0,9995	0,9994	0,9993	0,9991	0,9990	0,9988	0,9986	0,9984
20	0,9982	0,9980	0,9978	0,9976	0,9973	0,9971	0,9968	0,9965	0,9963	0,9960
30	0,9957	0,9954	0,9951	0,9947	0,9944	0,9941	0,9937	0,9934	0,9930	0,9926
40	0,9922	0,9919	0,9915	0,9911	0,9907	0,9902	0,9898	0,9894	0,9890	0,9885
50	0,9881	0,9876	0,9872	0,9867	0,9862	0,9857	0,9852	0,9848	0,9842	0,9838
60	0,9832	0,9827	0,9822	0,9817	0,9811	0,9806	0,9800	0,9795	0,9789	0,9784
70	0,9778	0,9772	0,9767	0,9761	0,9755	0,9749	0,9743	0,9737	0,9731	0,9724
80	0,9718	0,9712	0,9706	0,9699	0,9693	0,9686	0,9680	0,9673	0,9667	0,9660
90	0,9653	0,9647	0,9640	0,9633	0,9626	0,9619	0,9612	0,9605	0,9598	0,9591

Tabelle 6.2 Spezifische Gewichte von Wasser in Abhängigkeit von der Wassertemperatur (Werte in g/cm^3 oder t/m^3).

Bodenart	Spezifisches Gewicht t/m³
Kies, Sand.............	2,65
Löß , Mehlsand, sandiger Schluff................	2,67
Schluff................	2,70
Schluffiger Ton........	2,75
Ton....................	2,80

Tabelle 6.4 Mittlere spezifische Gewichte von Böden.

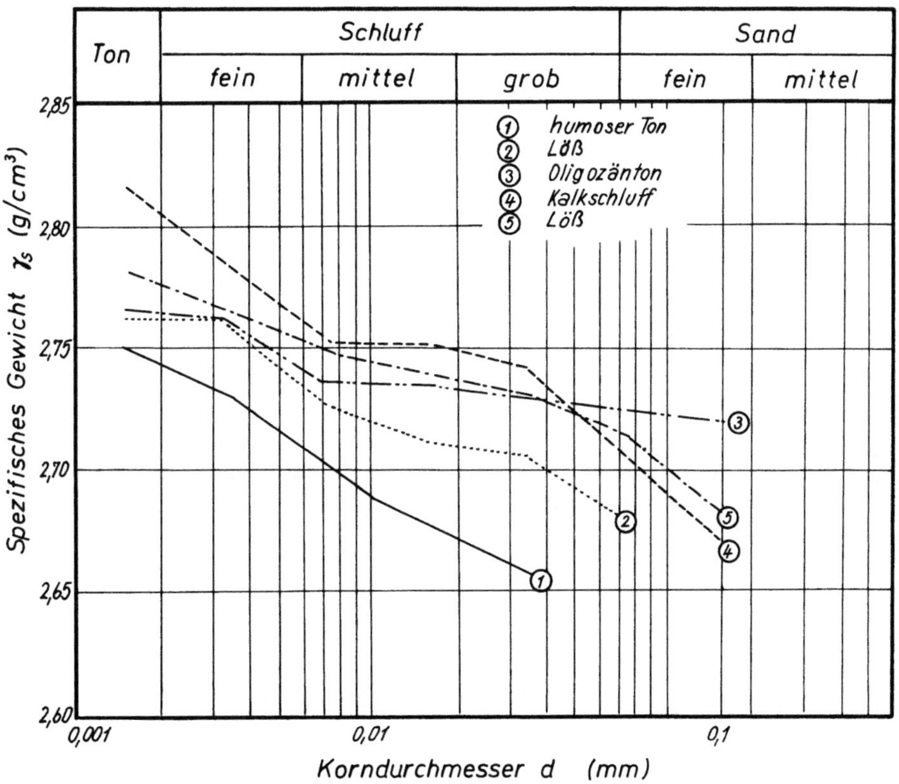

Abb.6.5 Abhängigkeit des spezifischen Gewichtes von der Korngröße (KEZDI 1959).

6.3 Literatur

MIHALTZ (1938) Über die Schlämmanalyse von Gesteinen, die aus Mineralien verschiedener Wichte bestehen. Földtani Közlöny, Bd.LXVII, H.10-12.

CASAGRANDE/FADUM (1940) Notes on soil testing for engineering purposes. Harvard Univ.Soil Mech.Series No.8.

KEZDI (1959) Bodenmechanik I. Akadémiai Kiadó Budapest, S.41.

LAMBE (1951) Soil testing for engineers. Wiley & Sons New York, S.20.

SCHULTZE/MUHS (1967) Bodenuntersuchungen für Ingenieurbauten, 2. Aufl. Springer-Verlag Berlin-Heidelberg-New York, S. 340.

7. Konsistenzgrenzen

7.1 Aufgaben

Aufgabe 16 Bestimmung der Fließgrenze im Laborversuch

Im Gerät von CASAGRANDE zur Bestimmung der Fließgrenze wurde ein Lehm untersucht und die Untersuchungsergebnisse in das Formular für die Ermittlung der Fließgrenze, Abb.7.1, eingetragen. Tab.7.1 gibt die Schlagzahlen und Wassergehalte wieder, die bei der Untersuchung des Lehmes bestimmt wurden.

Wassergehalt w in %	Anzahl der Schläge
45,4	58
48,9	33
52,0	21
54,1	14

Tabelle 7.1 Ergebnisse einer Meßreihe zur Bestimmung der Fließgrenze eines Bodens.

Welche Fließgrenze w_f hat der untersuchte Lehm?

Grundlagen

Die Fließgrenze w_f eines Bodens ist der Wassergehalt,

Konsistenzgrenzen nach Atterberg

Fließgrenze

Bodenprobe Lehm — Versuch Nr. 16 a

Entnahmestelle Shell — Datum 1.4.68

Bohrung C 17 — Bearbeiter

Proben Nr. 43

Bezeichnung	1	2	3	4
Behälter Nr.	A-5	A-6	A-11	A-14
Gew. von Behälter + nasser Boden in g	22,00	18,97	16,19	15,81
Gew. von Behälter + trockener Boden in g	16,37	14,02	11,91	11,68
Gew. d. Wassers G_w in g	5,63	4,95	4,28	4,13
Gew. d. Behälters in g	3,96	3,91	3,68	4,04
Trockengew. d. Bodens G_t in g	12,41	10,11	8,23	7,64
Wassergehalt w in %	45,4	48,9	52,0	54,1
Anzahl der Schläge	58	33	21	14

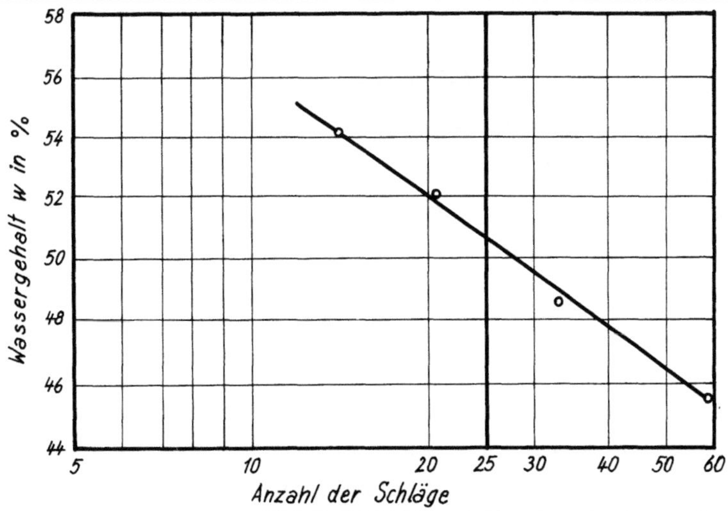

Abb.7.1 Formular zur Bestimmung der Fließgrenze.

bei dem im Gerät von CASAGRANDE (1932) bei 25 Schlägen eine Furche, die nach festgelegtem Verfahren in den Boden gezogen wird, wieder zusammenfließt.

Man ermittelt die Schlagzahlen für verschiedene, willkürlich im Bereich der Fließgrenze gewählte Wassergehalte, zeichnet eine Kurve, die die Abhängigkeit der Schlagzahlen vom Wassergehalt wiedergibt, und kann aus dieser Kurve den Wassergehalt des Bodens bei 25 Schlägen sofort ablesen.

In der Sowjetunion wird die Fließgrenze mit dem Gerät von WASSILJEW bestimmt. In der deutschsprachigen Literatur findet sich eine Beschreibung dieses Gerätes und des Verfahrens bei KEZDI (1959). Die Fließgrenzen nach WASSILJEW sind etwa 5 % niedriger als nach der CASAGRANDE-Methode.

Lösung

Im Formular für die Bestimmung der Fließgrenze, Abb.7.1, wurde der Lehm mit vier verschiedenen Wassergehalten im Gerät von CASAGRANDE untersucht. Das Ergebnis dieser Untersuchung wurde in das Diagramm des Formulares eingetragen. Die Fließgrenze beträgt, wie man sofort ablesen kann:

$$w_f = 50{,}6\ \%.$$

Ergebnisse

Der untersuchte Lehm hat mit $w_f = 50{,}6$ % eine hohe Fließgrenze und muß als stark plastisch bezeichnet werden. Böden mit hohen Fließgrenzen sind in den meisten Fällen als Baugrund oder als Baumaterial schlecht geeignet. Sie besitzen nur eine kleine Steifezahl und einen kleinen Reibungswinkel.

Die Fließgrenze wird in vielen europäischen und überseeischen Ländern unter anderem auch als Mittel zur Klassifizierung von Böden benutzt. In Deutschland findet die Fließgrenze außerdem Verwendung bei der Bestimmung der zulässigen Bodenpressung. Die entsprechenden Vorschriften sind in der DIN 1054, Ausg. 1953, enthalten. Eine Übersicht über die zulässigen Bodenpressungen in Abhängigkeit von der Konsistenzzahl k_w gibt die Tab.7.4. Auf die Zusammenhänge zwischen der Konsistenzzahl k_w und der Fließgrenze w_f wird in der Aufgabe 17 näher eingegangen.

Aufgabe 17 Bestimmung der Ausrollgrenze im Laborversuch

Für den gleichen Boden, der auch in der Aufgabe 16 untersucht wurde, soll die Ausrollgrenze bestimmt werden. Drei Bodenproben wurden nach dem vorgeschriebenen Verfahren untersucht. Dabei wurden folgende Meßergebnisse gewonnen:

Probe	Wassergehalt w in %
1	21,9
2	22,1
3	22,2

Tabelle 7.2 Untersuchungsergebnisse.

Der natürliche Wassergehalt betrug w_n = 31,7 %.
Welche Ausrollgrenze w_a hat der untersuchte Boden?
Berechne:

a) die Plastizitätszahl w_{fa}

b) die Konsistenzzahl oder Zustandszahl k_w

c) den Fließindex I_f.

Grundlagen

Die Ausrollgrenze w_a ist der Wassergehalt, bei dem der Boden aus dem plastischen in den halbfesten Zustand übergeht. Die Ausrollgrenze ist erreicht, wenn der Boden beim Auswalzen in 3 mm dicke Rollen zu zerbröckeln beginnt.

Die Plastizitätszahl w_{fa} ist definiert als der Unterschied zwischen der Fließgrenze und der Ausrollgrenze:

$$w_{fa} = w_f - w_a \qquad (\%) \qquad (7.1)$$

Die Zustandszahl k_w ist durch die Gl.(7.2) definiert

$$k_w = \frac{w_f - w_n}{w_f - w_a} \qquad (7.2)$$

In der englischen Literatur sind außerdem noch die Begriffe: Fließindex I_f, Zähigkeitsindex I_t und Wasser-Plastizitätszahl B gebräuchlich.

Der Fließindex entspricht dem Tangens der Geraden im Diagramm des Formulares zur Bestimmung der Fließgrenze, Abb.7.1. Der Zähigkeitsindex I_t ist das Verhältnis der Plastizitätszahl zum Fließindex:

$$I_t = \frac{w_{fa}}{I_f} \qquad (7.3)$$

Die Wasser-Plastizitätszahl ist durch die Gl.(7.4) definiert:

$$B = \frac{w_n - w_a}{w_f - w_a} \qquad (7.4)$$

Lösung

Die Ausrollgrenze ermittelt sich aus dem Mittelwert der drei Wassergehalte der Tab.7.2. Sie ist somit:

$$w_a = 22{,}1\ \%$$

Zur Berechnung der Wassergehalte kann das gleiche Formular verwendet werden, das zur Bestimmung der Fließgrenze benutzt wird.

Die Plastizitätszahl ist:

$$w_{fa} = 50{,}6 - 22{,}1 = 28{,}5\ \%$$

Die Zustandszahl ist:

$$k_w = \frac{50{,}6 - 31{,}7}{50{,}6 - 22{,}1} = 0{,}66$$

Der Fließindex ist nach Abb.7.1:

$$I_f = \frac{3{,}4}{5} = 0{,}68$$

Ergebnisse

Mit einer Ausrollgrenze von w_a= 22,1 % und einer Plastizitätszahl von w_{fa} = 28,5 % ist der untersuchte Lehm als stark bindiger Boden zu bezeichnen. Angaben über die Bindigkeit der Böden sind in der Tab.7.5 enthalten.

Bei einer Zustandszahl von k_w = 0,66 ist nach der Tab. 7.4 der Boden als weich zu bezeichnen. Nach den deutschen Vorschriften (DIN 1054, Ausg.1953) läßt er sich mit einer Bodenpressung von 0,4 kg/cm^2 belasten. Angaben über die zulässigen Bodenpressungen in Abhängigkeit von der Zustandszahl k_w können ebenfalls der Tab.7.4 entnommen werden.

Tab.7.6 gibt die durchschnittlichen Werte der Fließgrenzen, Ausrollgrenzen, Schrumpfgrenzen und Plastizitätszahlen an.

Nach CASAGRANDE, Abb.7.6, gehört der untersuchte Lehm in die Gruppe der stark bindigen, anorganischen Böden mit hoher Plastizität.

Bei der Verwendung eines Bodens mit diesen Eigenschaften als Baugrund ist Vorsicht angebracht. Für gute Drainierung muß in jedem Falle Sorge getragen werden.

Aufgabe 18 Bestimmung der Schrumpfgrenze im Laborversuch

Ein schluffiger Lehm hat einen natürlichen Wassergehalt von w_n = 32 % und ein spezifisches Gewicht von γ_s = 2,77 t/m^3. Eine Probe dieses Lehmes hat bei einem Trockenvolumen von V' = 30,5 cm^3 ein Trockengewicht von G_t = 56,45 g.

In vier Versuchen mit vier verschiedenen Wassergehalten wurden folgende Meßwerte für die Bestimmung der Schrumpfgrenze ermittelt:

Tabelle 7.3 Meßwerte.

Wassergehalte w in %	12,0,	27,0	35,0	49,0
Rauminhalt in cm^3	32,2,	34,5	36,7	41,9

Konsistenzgrenzen nach Atterberg

Schrumpfgrenze

Bodenprobe Lehm *Versuch Nr.* 16 a

Entnahmestelle Shell *Datum* 1.4.68

Bohrung C 17 *Bearbeiter*

Proben Nr. 43

Volumenbestimmung durch Eintauchen

Anstrichmittel Schellack *Spez. Gew.* γ_3 = 1,0 g/cm³

Spez. Gew. d. Wassers γ_w = 1,0 g/cm³

Bezeichnung		1	2	3	4
Gew. ohne Anstrich	G_1 (g)	55,12	57,18	61,63	71,49
Gew. mit Anstrich	G_2 (g)	61,66	63,79	68,85	77,61
Gew. d. Anstrichs	$G_3 = G_2 - G_1$	6,54	6,61	7,22	6,12
Vol. d. Anstrichs	$V_3 = G_3/\gamma_3$	6,54	6,61	7,22	6,12
Verdrängtes Wasser	$V_W = G_W/\gamma_W$	38,75	41,16	43,91	48,01
Vol. d. Probe	$V = V_1 - V_3$ (cm³)	32,21	34,55	36,69	41,89

$$w_s = \left(\frac{V'}{G_t} - \frac{1}{\gamma_s}\right)\cdot 100 = \left(\frac{30{,}50}{56{,}45} - \frac{1}{2{,}77}\right)\cdot 100 = 18{,}0\,\%$$

Wassergehalt

Wassergehalt w in %	12,1	26,9	34,8	49,2

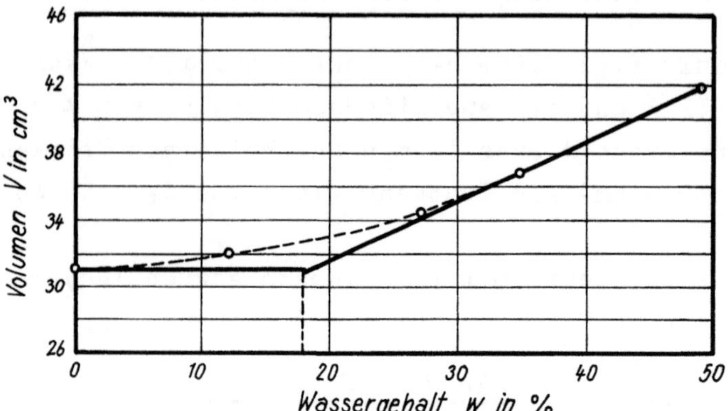

Abb.7.2 Formular zur Bestimmung der Schrumpfgrenze.

Für die Berechnung wurde das Formular zur Bestimmung der Schrumpfgrenze, Abb.7.2, verwendet.

Der Grundwasserspiegel muß infolge einer wasserbaulichen Maßnahme abgesenkt werden. Es wird angenommen, daß infolge dieser Maßnahme eine 1,50 m dicke Schicht vollkommen austrocknet. Wie groß werden voraussichtlich die Setzungen sein, die durch Schrumpfung des Lehmes entstehen?

Grundlagen

Wird eine feuchte Bodenprobe ausgetrocknet. so verringert sich ihr Rauminhalt mit abnehmendem Wassergehalt. Die Schrumpfgrenze w_s ist definiert als der Wassergehalt, bei dem die Probe ihr Volumen auch bei weiterer Austrocknung nicht mehr verringert.

Das Volumen der Probe bei den verschiedenen Wassergehalten läßt sich durch die Methode des Eintauchens, die in Abschnitt 2 beschrieben wurde, bestimmen. Trägt man, wie es im Diagramm des Formulares zur Bestimmung der Schrumpfgrenze, Abb.7.2, geschehen ist, die Rauminhalte in Abhängigkeit von den Wassergehalten auf, so ergibt sich im Bereich der höheren Wassergehalte in guter Annäherung eine Gerade, die im Bereich der Schrumpfgrenze in eine Kurve und schließlich in eine Horizontale übergeht. Die horizontale Gerade und die geneigte Gerade schneiden, wie man in der Abb.7.2 sehen kann, in einem Punkt, dessen Abszisse der Schrumpfgrenze entspricht.

Die Schrumpfgrenze ist analytisch durch die Gl.(7.7) definiert. Man erhält die Gl.(7.7), wenn man davon ausgeht, daß die Poren eines völlig trockenen Bodens mit Wasser gefüllt werden. Bezeichnet man das Volumen der völlig trockenen Probe mit V', so ist das Hohlraumvolumen der Probe:

$$V_o = V' - V_t \qquad (cm^3) \qquad (7.5)$$

Das Gewicht des Wassers, das dieses Hohlraumvolumen ausfüllt, ist:

$$G_w = (V' - V_t)\cdot\gamma_w \qquad (g) \qquad (7.6)$$

Mit γ_w = 1,0 g/cm³ ist die Schrumpfgrenze:

$$w_s = \frac{G_w}{G_t} \cdot 100 = \frac{V' - V_t}{G_t} \cdot 100 \qquad (\%)$$

Mit $V_t = \frac{G_t}{\gamma_s}$ erhält man:

$$w_s = \left(\frac{V'}{G_t} - \frac{1}{\gamma_s}\right) \cdot 100 \qquad (\%) \quad (7.7)$$

Lösung

Die Schrumpfgrenze ist im Formular zur Bestimmung der Schrumpfgrenze, Abb.7.2, mit w_s = 18 % ermittelt.

Das Volumen der Probe bei der Schrumpfgrenze beträgt V' = 30,5 cm³. Für den natürlichen Wassergehalt w_n = 32 % liest man im Diagramm, Abb.7.2, ein Volumen des Bodens von V = 35,7 cm³ ab. Daraus ergibt sich, daß sich das Volumen des Bodens bei völliger Austrocknung um:

$$u = 100 - \frac{30{,}5}{35{,}7} \cdot 100 = 15\ \%$$

verringert hat.

Ein Würfel von 1,50 m Kantenlänge würde analog dazu sein Volumen von $1{,}5^3$ = 3,38 m³ auf 3,38·0,85 = 2,87 m³ verringern. Die Seiten des Würfels verringern sich also auf:

$$a = \sqrt[3]{2{,}87} = 1{,}45\,m$$

Die Verringerung der Seitenlänge würde also im ungünstigsten Falle einer Setzung von 5 cm entsprechen.

Ergebnisse

Setzungen infolge von Schrumpfungen können, wie das Beispiel zeigt, ganz erhebliche Werte annehmen. Große Vorsicht ist also stets geboten, wenn in oder mit schrumpfempfindlichen Böden gearbeitet werden muß.

Je plastischer und bindiger ein Boden ist, um so mehr

schrumpft er bei Wasserentzug zusammen. Nichtbindige Böden dagegen schrumpfen nicht.

Tab.7.6 gibt eine Übersicht über die durchschnittlichen Werte der Schrumpfgrenze verschiedener Böden. CASAGRANDE (1932) hat nachgewiesen, daß zwischen der Schrumpfgrenze, der Fließgrenze und der Ausrollgrenze Zusammenhänge bestehen, die sich in Form einer Gleichung ausdrücken lassen. Nach KRABBE (1958) kann die Schrumpfgrenze angenähert nach der Gl.(7.8) berechnet werden:

$$w_s = w_f - 1{,}25 w_{fa} \quad (\%) \qquad (7.8)$$

Während sich der Rauminhalt eines bindigen Bodens bei Wasserentzug verringert, nimmt er beim umgekehrten Vorgang, also bei Wasseraufnahme, gewöhnlich zu. Diesen Vorgang bezeichnet man als Quellen des Bodens. Bei einem bestimmten Wassergehalt kann ohne mechanische Änderung der Struktur des Bodens jedoch kein Wasser mehr aufgenommen werden. Der Boden hat dann seine Sättigungsgrenze w_W erreicht.

Die Sättigungsgrenze kann mit hinreichender Genauigkeit aus der Gleichung von CASAGRANDE (1932) berechnet werden:

$$w_W = \sqrt{15{,}2\,(w_f - 16{,}3)} + 9 \quad (\%) \qquad (7.9)$$

Das Quellen des Bodens kann zu ebenso großen Schäden führen wie das Schrumpfen, deshalb ist die Untersuchung der Sättigungsgrenzen bei bindigen Böden wichtig und unerläßlich.

Aufgabe 19 Konsistenzgrenzen und Rauminhalte

Eine ungestörte Bodenprobe aus Ton wurde im Laboratorium untersucht. Folgende Meßwerte wurden ermittelt:

Fließgrenze	w_f	= 24 %
Ausrollgrenze	w_a	= 14 %
Feuchtgewicht	G	= 224,0 g
Trockengewicht	G_t	= 126,0 g
Spez. Gewicht	γ_s	= 2,69 t/m³

Welches Volumen hat die ungestörte Probe unter der Annahme, daß sie im Originalzustand:

a) zu 100 % wassergesättigt ist oder

b) zu 50 % wassergesättigt ist?

Welches Volumen hat die Bodenprobe bei der Fließgrenze und bei der Ausrollgrenze?

Grundlagen

Die Abnahme des Volumens bei Wasserentzug erfolgt angenähert linear und kann durch Abb.7.3 veranschaulicht werden:

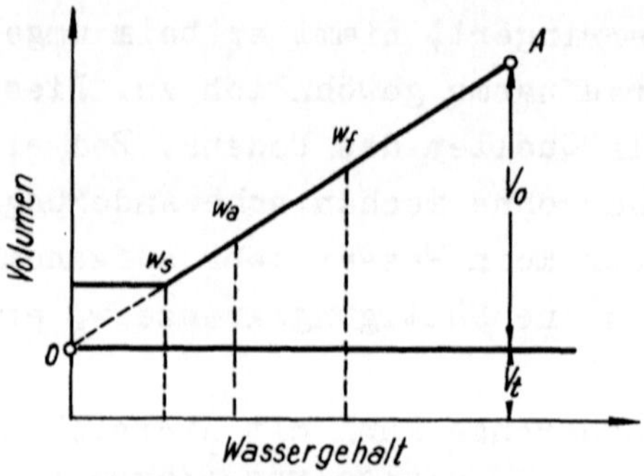

Abb.7.3 Das Volumen eines Bodens in Abhängigkeit vom Wassergehalt.

Das Gesamtvolumen setzt sich aus dem Volumen der Festmasse und dem Hohlraumvolumen zusammen,

$$V = V_t + V_0 \qquad (cm^3)$$

wobei ein Teil des Hohlraumvolumens oder auch der gesamte Hohlraum mit Wasser gefüllt sein kann. Das Volumen der Festmasse ist konstant. Könnte der Boden vollkommen zusammenschrumpfen, so daß kein Hohlraum mehr vorhanden wäre, so müßte die Gerade OA die Ordinate genau im Punkt O, das heißt beim Volumen der Festmasse, schneiden. Mit der Kenntnis dieses Punktes O und eines weiteren Punktes der Geraden OA läßt sich diese Gerade OA konstruieren und für jeden Wassergehalt das zugehörige Volumen ablesen.

Wenn für einen Boden der Sättigungsgrad s_w, der Wassergehalt w, das Trockengewicht G_t und das spezifische Gewicht bekannt sind, läßt sich daraus ein weiterer Punkt der Geraden OA berechnen. Nach Gl.(4.5) ist:

$$s_w = \frac{w_n \cdot \gamma_s}{100 \cdot \varepsilon}$$

Setzt man die Gl.(2.2) in die Gl.(4.5) ein, so ergibt sich:

$$s_w = \frac{w_n \cdot \gamma_s}{100} \cdot \frac{1}{V/V_t - 1} \qquad (7.10)$$

Nach Umformung und Einsetzen von $V_t = G_t/\gamma_s$ erhält man für das Volumen der Probe:

$$V = \left(\frac{w_n \cdot \gamma_s}{100\, s_w} + 1 \right) \cdot \frac{G_t}{\gamma_s} \qquad (7.11)$$

Das Volumen nach Gl.(7.11) entspricht einem Punkt der Geraden OA beim Wassergehalt w_n.

Lösung

Der Wassergehalt der ungestörten Probe beträgt:

$$w_n = \frac{G_w}{G_t} \cdot 100 = \frac{22{,}4 - 1{,}26}{126} \cdot 100 = 77{,}7\ \%$$

Unter der Annahme, daß im Falle a) der ungestörte Boden völlig wassergesättigt ist, also $s_w = 1$ ist, ergibt sich das Volumen nach Gl.(7.11) zu:

$$V = (0{,}777 \cdot 2{,}69 + 1) \cdot \frac{126}{2{,}69}$$

$$V = 3{,}09 \cdot \frac{126}{2{,}69} = 145\ cm^3$$

Unter der Annahme, daß im Falle b) der ungestörte Boden zu 50 % mit Wasser gesättigt ist, also $s_w = 0{,}5$ ist, ergibt sich das Volumen der Bodenprobe zu:

$$V = \left(\frac{0{,}777 \cdot 2{,}69}{0{,}5} + 1 \right) \cdot \frac{126}{2{,}69}$$

$$V = 5{,}18 \cdot \frac{126}{2{,}69} = 243\ cm^3$$

Die Rauminhalte bei der Fließgrenze und Ausrollgrenze können der Abbildung 7.4 entnommen werden, in der die entsprechenden Geraden für den Fall a) und den Fall b) eingetragen sind.

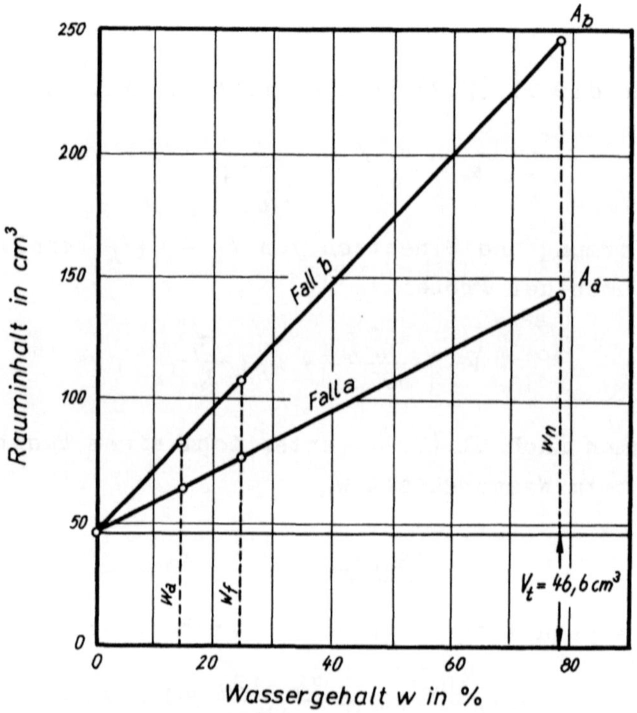

Abb.7.4 Abhängigkeit des Rauminhaltes vom Wassergehalt (Aufgabe 19).

Im Falle a) hat die Bodenprobe folgende Rauminhalte:

bei der Fließgrenze $V = 78,0\ cm^3$

bei der Ausrollgrenze $V = 65,0\ cm^3$

Im Falle b) hat die Bodenprobe folgende Rauminhalte:

bei der Fließgrenze $V = 110,0\ cm^3$

bei der Ausrollgrenze $V = 84,0\ cm^3$

<u>Ergebnisse</u>

Der untersuchte Ton hat eine Zustandszahl von:

$$k_w = \frac{24 - 77,7}{24 - 14} = -5,4$$

In Abb.7.5 ließt man ab, daß sich dieser Ton mit einer

negativen Zustandszahl im flüssigen Zustand befindet oder, wie es bei thixotropem Verhalten beobachtet wird, bei einer mechanischen Änderung der Struktur die charakteristischen Eigenschaften einer Flüssigkeit annimmt. Abb.7.5 gestattet es für alle bindigen Böden, deren natürliche Wassergehalte und Zustandsgrenzen bekannt sind, sofort den Zustand anzugeben, in dem sie sich befinden.

7.2 Berechnungstafeln und Zahlenwerte

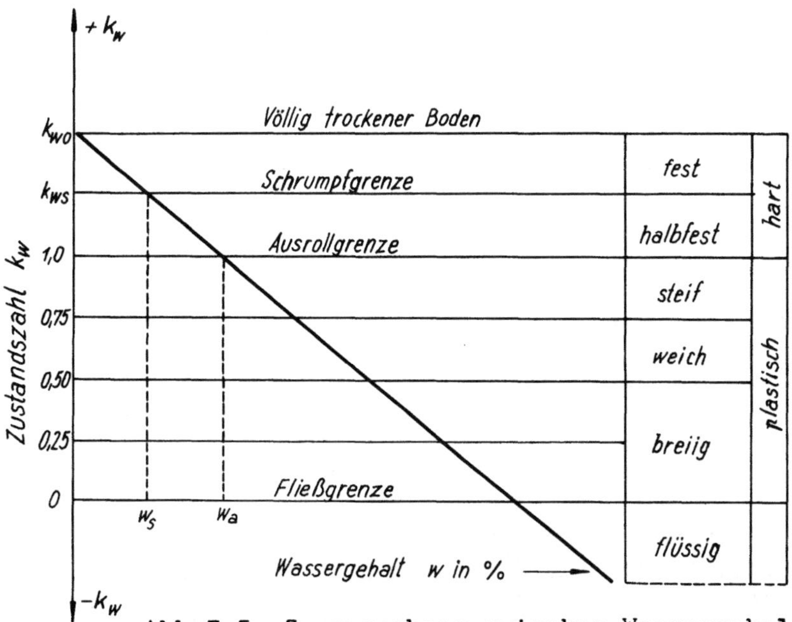

Abb.7.5 Zusammenhang zwischen Wassergehalt, Zustandszahl und Zustand des Bodens.

Bezeichnung	k_w	p_{zul} (kg/cm^2)
breiig......	0 - 0,50	0
weich.......	0,5 - 0,75	0,40
steif.......	0,75- 1,00	1,00
halbfest....	1,00- k_{ws}	2,00
fest........	k_{ws}	4,00

Tabelle 7.4 Zulässige Bodenpressung p_{zul} in Abhängigkeit von der Zustandszahl k_w (nach DIN 1054, Ausg.1953).

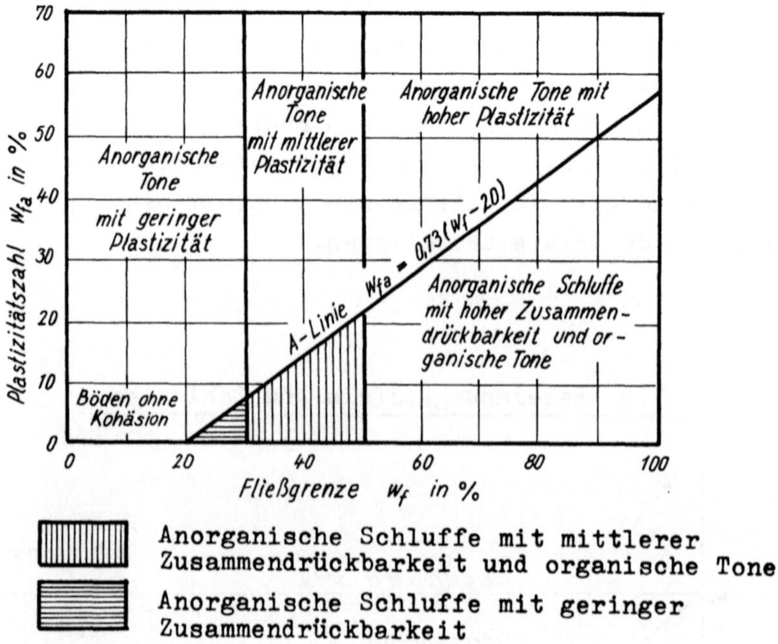

Abb.7.6 Plastizitätsdiagramm nach CASAGRANDE.

Bodenart	Ausrollgrenze w_a (%)	Plastizitätszahl w_{fa} (%)
Starkbindige Böden	20 - 40	10 - 90
Schwachbindige Böden	0 - 20	0 - 10

Tabelle 7.5 Ausrollgrenze und Plastizitätszahl bindiger Böden.

Konsistenzgrenze	Sand	Schluff	Ton
Fließgrenze.....	0,15-0,20	0,20-0,30	0,40-1,50
Ausrollgrenze...	0	0,20-0,25	0,25-0,50
Plastizitätszahl...........	0,15-0,20	0,10-0,15	0,15-1,00
Schrumpfgrenze..	0,12-0,18	0,14-0,25	0,08-0,35
Sättigungsgrenze.........	0,13-0,19	0,24-0,30	0,28-0,80

Tabelle 7.6 Durchschnittliche Werte der Konsistenzgrenzen.

7.3 Literatur

ATTERBERG (1911) Die Plastizität der Tone. Int.Mitt.Bodenkunde 1, S.10.

CASAGRANDE (1932) Research on Atterberg limits of soil. Publ.Roads 13, S.121.

HOGENTOGLER (1937) Engineering properties of soil. McGraw Hill New York.

ENDELL/MEISCHEIDER/BERG (1938) Über Zusammenhänge zwischen Wasserhaushalt der Tonminerale und bodenphysikalischen Eigenschaften bindiger Böden. Mitt.DEGEBO, H.5.

ENDELL/LOOS/BRETH (1939) Zusammenhang zwischen kolloidchemischen sowie bodenphysikalischen Kennziffern bindiger Böden und Frostwirkung. Forsch.Arb.Straßenwesen 16.

CASAGRANDE/FADUM (1940) Notes on soil testing for engineering purposes. Harvard Univ.Soil Mech.Series No.8.

TIEDEMANN (1941) Über Bodenuntersuchungen bei Entwurf und Ausführung von Ingenieurbauten. Bautechnik 19,S.40 u. 49.

SKEMPTON (1944) Note on the compressibility of clays. Quart.I.Geol.Soc.London, S.119-135.

CASAGRANDE (1948) Classification and identification of soils. Trans.Amer.Soc.Civ.Eng. 113, S.901.

HAEFELI/AMBERG (1948) Contribution on the theory of shrinking. Proc.II Int.Conf.Soil Mech.Found.Eng. Rotterdam, Bd.I, S.13.

ACKERMANN (1948) Thixotropie und Fließeigenschaften feinkörniger Böden. Geol.Rundsch. 36, S.10.

VON MOOS (1949) Konsistenzgrenzen schweizerischer bindiger Lockergesteine. Mitt.Versuchsanst.Wasserbau und Erdbau ETH Zürich, Nr.19.

OHDE (1950) Erdstoffkennwerte. Bautechnik 27, H.11, S.345.

LAMBE (1951) Soil testing for engineers. Wiley & Sons New York.

SKEMPTON (1953) The colloidal activity of clays. Proc. III Int.Conf.Soil Mech.Found.Eng. Zürich, Bd.I, S.57

SKEMPTON (1954) A foundation failure due to clay shrinkage caused by poplar trees. Proc.Inst.Civ.Eng.3, Part 1, S.66.

VOGL (1955) Gründungen in schrumpf - und schwellfähigen Böden. Mitt.Franzius Inst.T.H. Hannover, H.7, S.1.

LEIBNITZ (1956) Die Schrumpfgrenze, ein bautechnischer Erdstoff-Kennwert. Bauplanung und Bautechnik 10, S.124.

DIN 4016 Blatt 3 (Entwurf 1958) Baugrund - Untersuchung

von Bodenproben. Richtlinien für die Bestimmung der Atterbergschen Grenzen.

CASAGRANDE (1958) Notes on the design of the liquid limit device. Géotechnique 8, S.84.

NORMAN (1958) A comparison of values of liquid limit determination with apparatus having bases of different hardness. Géotechnique 8, S.79.

NORMAN (1959) The one-point method of determining the value of the liquid limit of a soil. Géotechnique 9, S.1 und 143 und Géotechnique 10, S.36.

KEZDI (1959) Bodenmechanik I. Akadémiai Kiadó Budapest.

LIPPMANN (1960) Messungen von Bodenbewegungen infolge zeitlicher Schwankungen im Wasserhaushalt. Ein Beitrag zur Frage der Pseudobergschäden. Diss.T.U. Berlin.

KARLSSON (1961) Suggested improvements in the liquid limit test, with reference to flow properties of remoulded clays. Proc.V. Int.Conf.Soil Mech.Found.Eng.Paris, Bd. 1, S.171.

LANGER (1961) Vergleichende rheologische und bodenmechanische Untersuchungen an Tonen. Geol.Jahrb. 79, S.255.

MATSCHAK/RIETSCHEL (1965) Vereinfachte Fließgrenzenbestimmung an bindigen Bodenarten für ingenieurgeologisch-bodenmechanische Untersuchungen. Ztschr.f.Angew.Geol. 11, S.135.

SCHULTZE/MUHS (1967) Bodenuntersuchungen für Ingenieurbauten, 2. Aufl. Springer-Verlag Berlin-Heidelberg-New York, S. 383.

DIN 18 122 (Entwurf 1967) Zustandsgrenzen (Konsistenzgrenzen).

8. Die Kornverteilung

8.1 Aufgaben

Aufgabe 20 Ermittlung der Kornverteilungskurve

Für einen schwachbindigen,kiesigen Sand soll die Kornverteilung festgestellt werden. Bis zur Korngröße von 0,06 mm wurde sie im Laboratorium durch Siebung ermittelt. Die Ergebnisse dieser Siebanalyse sind im Formular zur Bestimmung der Kornverteilung, Abb.8.3, eingetragen.

Der Feinanteil des Sandes mit Korngrößen kleiner als 0,06 mm Durchmesser wurde in einer Schlämmanalyse untersucht. Die Ergebnisse sind im Formular zur Durchführung einer Schlämmanalyse, Abb.8.4, eingetragen. Das spezifische Gewicht des Sandes beträgt γ_s = 2,75 t/m³.

Zeichne die Kornverteilungskurve für den untersuchten Boden.

Grundlagen

Die Kornverteilung wird in Form einer Kurve im ebenen Koordinatensystem dargestellt. Die Abszisse gibt den Korndurchmesser d in mm an, die Ordinate den Gewichtsanteil eines Korndurchmessers am Gesamtgewicht einer Probe und wird in Gewichtsprozenten ausgedrückt.

Körnungen bis zu 0,06 mm Durchmesser werden mit genormten Maschensieben nach DIN 4188 - Drahtgewebe für Prüfsiebe - ausgesiebt. Für die ganz groben Bestandteile verwendet man Rundlochsiebe oder Quadratlochsiebe nach DIN 4187 - Lochbleche für Prüfsiebe.

Die in Deutschland gebräuchlichen und genormten Maschenweiten weichen von der nordamerikanischen und englischen Dimensionierung ab. Auch ist es in den englischsprachigen Ländern üblich, im Kornverteilungsdiagramm auf der linken Seite mit den groben Bestandteilen zu beginnen, so daß die Kurven von oben links nach unten rechts verlaufen. Abb.8.1 gibt dazu ein Beispiel.

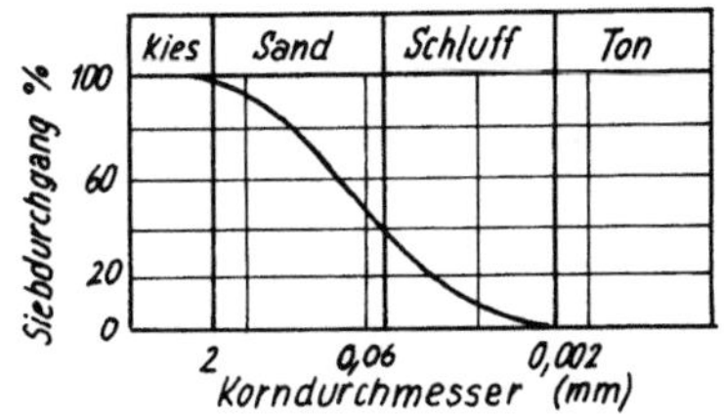

Abb.8.1a Übliche Auftragung der Kornverteilung in den englischsprachigen Ländern.

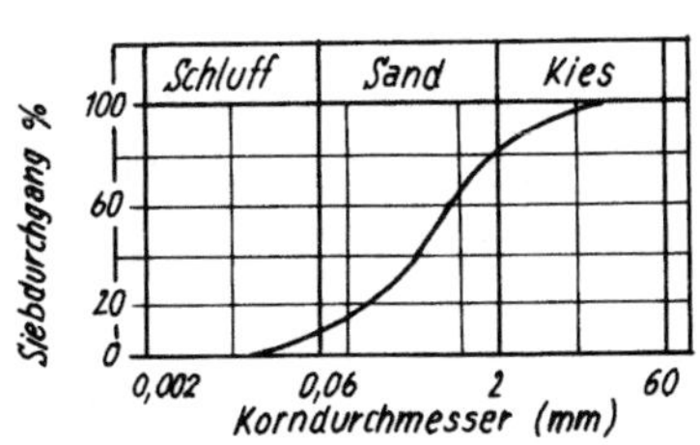

Abb.8.1b Übliche Auftragung der Kornverteilung in Deutschland.

Körnungen mit Durchmessern $< 0{,}06$ mm können durch Siebung nicht mehr bestimmt werden, sie werden durch Schlämmanalysen, Spülverfahren oder durch die in den USA und englischsprachigen Ländern gelegentlich angewandte Pipette-Methode ermittelt.

Gewöhnlich wird die Schlämmanalyse, auch Aräometermethode genannt, angewandt. Grundlage dieser Methode ist das Gesetz von STOKES, nach dem sich die Sinkgeschwindigkeit eines kugelförmigen Körpers in einer Flüssigkeit berechnen läßt. In der Bodenmechanik wird angenommen, daß die Körner die Form einer Kugel haben, obwohl man mit dieser Annahme den tatsächlichen Verhältnissen niemals gerecht werden kann und Abweichungen auftreten müssen. Der Fehler ist jedoch sehr klein, so daß das Stokesche Gesetz angewendet werden kann.

Nach dem Gesetz von STOKES ist die Sinkgeschwindigkeit:

$$v = \frac{\gamma_s - \gamma_w}{18\,\mu} \cdot d^2 \qquad (cm/s) \qquad (8.1)$$

γ_s = spezifisches Gewicht des Bodens in g/cm^3

γ_w = spezifisches Gewicht der Flüssigkeit bei der Versuchstemperatur in g/cm^3 (siehe Tab. 6.2)

μ = Viskosität der Flüssigkeit in g s/cm^2 bei der Versuchstemperatur (siehe Tab. 8.6)

d = Durchmesser der Kugel in cm

v = Geschwindigkeit der Kugel in cm/s

Die Schlämmanalyse wird im allgemeinen mit Wasser durchgeführt. Tab.8.6 gibt die Viskositäten des Wassers in Abhängigkeit von der Temperatur wieder.

Nimmt man das spezifische Gewicht des Bodens mit 2,67 t/m^3 und die Temperatur des Wassers mit 20 °C an, so ergibt sich eine einfache Formel für die überschlägliche Berechnung der Sinkgeschwindigkeit:

$$v = 9000\ d^2 \qquad (8.2)$$

d = Durchmesser der Kugel in cm
v = Geschwindigkeit der Kugel in cm/s

Setzt man in der Gl.(8.1):

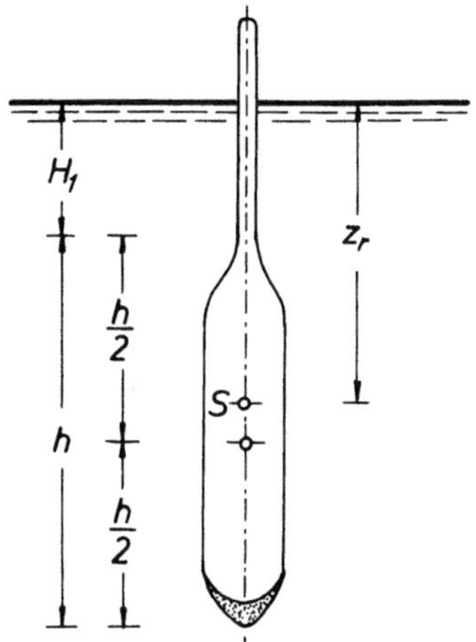

Abb.8.2 Eingetauchtes Aräometer.

$$v = \frac{z_r}{t} \quad (cm/s) \qquad (8.3)$$

so erhält man:

$$\frac{z_r}{t} = \frac{\gamma_s - \gamma_w}{18 \cdot \mu} \cdot d^2 \qquad (8.4)$$

oder: $$d = \sqrt{\frac{18\,\mu}{\gamma_s - \gamma_w}} \cdot \sqrt{\frac{z_r}{t}} \quad (cm) \qquad (8.5)$$

In der Gl.(8.5) bedeuten:

z_r = zurückgelegter Weg der Kugel nach Ablauf der Zeit t in cm.

t = Zeit, in der die Kugel den Weg z_r zurückgelegt hat, in Sekunden.

Die weiteren Ausdrücke der Gl.(8.5) entsprechen denen der Gl.(8.1). Die Gl.(8.5) drückt gleichzeitig aus, daß zum Zeitpunkt t alle Bodenteilchen, deren Durchmesser größer als d sind, den Weg z_r zurückgelegt haben.

CASAGRANDE (1931) hat nachgewiesen, daß die Ablesung r am Aräometer dem Raumgewicht der Suspension in der Tiefe z_r entspricht und daß z_r von der Oberfläche der Suspension bis zum Schwerpunkt des durch das Aräometer verdrängten Wassers reicht. Unterhalb des Schwerpunktes S muß also das Raumgewicht der Suspension höher sein, da der Anteil an Feststoffen größer ist als im Schwerpunkt. Oberhalb der Suspension muß das Raumgewicht entsprechend geringer sein.

Bei der Ablesung des Aräometers muß die Eichtemperatur berücksichtigt werden. Die Lesung r ist daher:

$$r = \gamma / \gamma_c \qquad (8.6)$$

worin γ_c das Raumgewicht der Eichflüssigkeit bei der Eichtemperatur ist.

z_r läßt sich aus der Ablesung r nach Abb.8.2 leicht ermitteln.

$$z_r = H_1 + \frac{1}{2}\left(h - \frac{\text{Volumen der Aräometerbirne}}{\text{Querschnittsfläche des Zylinders}}\right) \quad (cm) \qquad (8.7)$$

Der zweite Summand ist für jedes Aräometer eine Konstante.

Nur für die ersten zwei Minuten der Schlämmanalyse ist es üblich, das Aräometer in der Suspension zu belassen. Für diesen Zeitraum gilt die Gl.(8.7). Für alle weiteren Ablesungen wird das Aräometer immer jeweils zur Ablesung eingetaucht und nach der Ablesung wieder herausgenommen. Beim Eintauchen steigt jedoch der Wasserspiegel an, wodurch der Abstand z_r verändert wird. Diese Veränderung muß durch eine Korrektur des Wertes z_r berücksichtigt werden. Der korrigierte Wert ist:

$$z_r' = z_r - \frac{V}{2A}$$

$\frac{V}{2A}$ ist angenähert eine Konstante.
V = Volumen des Aräometers.
A = Querschnittsfläche des Standzylinders.

Wegen weiterer Einzelheiten siehe LAMBE (1951) und TAYLOR (1948).

Der erste Summand kann für jedes Aräometer durch Abmessen des Abstandes H_1 bestimmt werden. So ist zum Beispiel für das Aräometer nach ASTM-AASHO, Skala 152 H:

H_1 = 106,5 mm bis zur Nullmarke des Schaftes. Dieser Abstand entspricht 65 Teilstrichen.

Jeder Teilstrich entspricht also einem Abstand von 1,64 mm. In Zentimetern ausgedrückt, ist also:

$$H_1 = 10{,}65 - 0{,}164\ r,$$

wobei r die Anzahl der Teilstriche unter der Nullmarke bedeutet. Auf ähnliche Weise kann man für jedes beliebige Aräometer den Abstand H_1 in Abhängigkeit von der Lesung r feststellen.

Für die Gl.(8.5) hat CASAGRANDE ein Nomogramm aufgestellt, welches gestattet, schnell den Durchmesser d festzustellen. Das Nomogramm ist in Abb.8.12 wiedergegeben.

Um die Kornverteilungskurve zeichnen zu können, benötigt man neben der Kenntnis des Korndurchmessers d noch den Gewichtsanteil der Körnungen, die kleiner sind als der zum Zeitpunkt t betrachtete Korndurchmesser. Die Aräometermethode hat den Vorteil, daß sich dieser Gewichtsanteil durch eine einfache Rechnung ebenfalls aus der Lesung r ermitteln läßt. Das Raumgewicht der Suspension ist:

$$\gamma = \frac{G_t}{V} + \left(\gamma_w - \frac{G_t}{\gamma_s \cdot V}\right) \qquad (g/cm^3) \qquad (8.8)$$

Man erhält diese Gleichung, indem man setzt:

$$\gamma = \frac{G}{V} = \frac{G_t}{V} + \frac{G_w}{V} \qquad (g/cm^3) \qquad (8.9)$$

Mit $G = (V - V_t) \cdot \gamma_w$ ist:

$$\gamma = \frac{G_t}{V} + \left(1 - \frac{V_t}{V}\right) \cdot \gamma_w \qquad (g/cm^3)$$

und mit $V_t = G_t/\gamma_s$ ist:

$$\gamma = \frac{G_t}{V} + \left(\gamma_w - \frac{G_t \cdot \gamma_w}{\gamma_s \cdot V}\right) \qquad (g/cm^3) \qquad (8.10)$$

In dem Ausdruck $\frac{G_t \cdot \gamma_w}{\gamma_s \cdot V}$ kann $\gamma_w = 1$ gesetzt werden, und Gl.(8.10) geht in Gl.(8.8) über. Nach Umformung der Gl. (8.8) erhält man:

$$\gamma = \gamma_w + \frac{\gamma_s - 1}{\gamma_s} \cdot \frac{G_t}{V} \qquad (g/cm^3) \qquad (8.11)$$

Das Gewicht der Feststoffe G_t in einer bestimmten Tiefe

in einer Suspension ist mit der Zeit veränderlich. Da nach einer bestimmten Zeit t in einer bestimmten Tiefe z_r Stoffe mit einem bestimmten Durchmesser d in der Suspension nicht mehr enthalten sind, hat sich das Gewicht der Volumeneinheit in der Tiefe z_r verringert. Wenn G_t' dieses Gewicht nach Ablauf der Zeit t bezeichnet und G_t das Gewicht zu Beginn der Setzung ist, so ist das Verhältnis der beiden zueinander:

$$N = \frac{G_t'}{G_t} \tag{8.12}$$

N ist also das Verhältnis des Gewichtes aller Körner mit Durchmessern kleiner als d zum Ausgangsgewicht. Gl.(8.12) in Gl.(8.11) eingesetzt, ergibt:

$$\gamma = \gamma_w + \frac{\gamma_s - 1}{\gamma_s} \cdot \frac{N \cdot G_t}{V} \quad (g/cm^3) \tag{8.13}$$

Aus der Gl.(8.13) erhält man schließlich

$$N = \frac{\gamma_s}{\gamma_s - 1} \cdot \frac{V}{G_t} \cdot (\gamma - \gamma_w) \tag{8.14}$$

Gl.(8.6) in Gl.(8.14) eingesetzt, ergibt

$$N = \frac{\gamma_s}{\gamma_s - 1} \cdot \frac{V}{G_t} \cdot \gamma_c \, (r - r_w) \cdot 100 \quad (\%) \tag{8.15}$$

N = Gewichtsprozent der Körner mit Durchmessern kleiner als $d = \sqrt{\frac{18\mu}{\gamma_s - \gamma_w}} \cdot \sqrt{\frac{z_r}{t}}$ (cm), bezogen auf das Anfangsgewicht der Festmasse G_t

γ_s = Spezifisches Gewicht der Festmasse G_t in g/cm^3

V = Volumen der Suspension = 1000 cm^3

G_t = Gesamtgewicht der Festmasse, die zum Versuch verwendet wird in g

γ_c = Raumgewicht der Flüssigkeit bei der Eichtemperatur in g/cm^3

r = Aräometerablesung für die Suspension

r_w = Aräometerablesung für destilliertes Wasser, die gleichzeitig mit der Lesung r erfolgt

Siebanalyse

Bodenprobe **schwachbindiger kiesiger Sand**
Entnahmestelle CVP
Bohrung A 1
Proben Nr. 2 b
Versuch Nr. 14
Bearbeiter

Gewicht der Probe
Behälter Nr. L 3
Gew. d. Behälters + Probe in g 814,3
Gew. d. Behälters in g 371,8
Gew. d. Probe in g 442,5

Spez. Gew. γ_s = 2,75 g/cm³
Datum 9.3.69

Sieb Nr.	Maschenweite mm	Gewicht des Siebes g	Gewicht von Sieb und Boden g	Siebrückstand g	Siebrückstand %	Summe der Siebrückstände %	Siebdurchgang %
	5	481,2	494,5	13,3	3	3	97
	2	390,4	421,4	31,0	7	10	90
	1	388,7	424,1	35,4	8	18	82
	0,5	425,5	509,6	84,1	19	37	63
	0,2	437,8	526,3	88,5	20	57	43
	0,1	438,9	523,0	84,1	19	76	24
	0,06	466,4	528,4	62,0	14	90	10
Schale	---	510,4	554,7	44,3	10	100	---

Abb.8.3 Formular zur Durchführung einer Siebanalyse.

Schlämmanalyse

Bodenprobe	schwachbindiger kiesiger Sand	**Gewicht der Probe**		Vol. d. Suspension V in cm^3	1000
		Behälter Nr.	L4	Eichtemperatur in °C	20
Entnamestelle	CVP	Gew. d. Behälters + Probe in g	458,4	γ_c in g/cm^3	0,9982
Bohrung	A 1	Gew. d. Behälters in g	406,8	Aräometer Nr.	5626
Proben Nr.	2 b	Gew. d. Probe in g G_t	51,6	Meniskuskorrektion	0,5
Versuch Nr.	14			Spez. Gew. γ_s in g/cm^3	2,75
Bearbeiter				G_t der Siebanalyse in g	442,5
Datum	10.3.69				

$$N = \frac{\gamma_s}{\gamma_s - 1} \cdot \frac{V}{G_t} \cdot \gamma_c (r - r_c) \cdot 100 = 3{,}04 (R - R_w) \quad (\%); \quad z_r' = z_r - \frac{V}{2A}; \quad N' = \frac{G_t \text{ (Schlämmanalyse)}}{G_t \text{ (Siebanalyse)}} \cdot N = 0{,}117 \cdot N$$

$$d\,(mm) = \sqrt{\frac{18\mu\,(g \cdot s/cm^3) \cdot 100}{(\gamma_s - \gamma_w)\,(g/cm^3) \cdot 60}} \cdot \sqrt{\frac{z_r\,(cm)}{t\,(min)}} = \sqrt{\frac{18 \cdot 0{,}0094 \cdot 100}{1{,}75 \cdot 9{,}81 \cdot 60}} \cdot \sqrt{\frac{z_r'}{t}} = 0{,}0128 \cdot \sqrt{\frac{z_r'\,(cm)}{t\,(min)}}$$

Datum	Zeit	Verflossene Zeit in min	$R = 1000(r-1)$	$R_W = 1000(r_W-1)$	Temperatur °C	$R - R_W$	N %	z_r cm	$\sqrt{\frac{z_r (cm)}{t (min)}}$	d mm	N' %
10.3.69	15.00	0									
		1/4	27,1	- 0,5	22,5	27,6	83,9	11,1	6,650	0,08510	9,8
		1/2	25,8	- 0,5	22,5	26,3	79,9	11,8	4,850	0,06210	9,3
	15.01	1	21,0	- 0,5	22,5	21,5	65,4	13,3	3,650	0,04670	7,7
	15.02	2	17,4	- 0,5	22,5	17,9	54,4	14,9	2,740	0,03520	6,4
	15.05	5	11,3	- 0,5	22,5	11,8	35,9	15,9	1,780	0,02280	4,2
	15.10	10	8,5	- 0,5	22,5	9,0	27,3	17,1	1,310	0,01680	3,2
	15.20	20	5,9	- 0,5	22,5	6,4	19,4	18,1	0,951	0,01220	2,3
	15.40	40	4,8	- 0,5	22,5	5,3	16,1	18,5	0,680	0,00870	1,9
	16.01	61	4,0	- 0,5	22,5	4,5	13,7	18,8	0,556	0,00712	1,6
	17.52	112	3,3	- 0,5	22,5	3,8	11,6	19,2	0,414	0,00530	1,4

Abb.8.4 Formular zur Durchführung einer Schlämmanalyse.

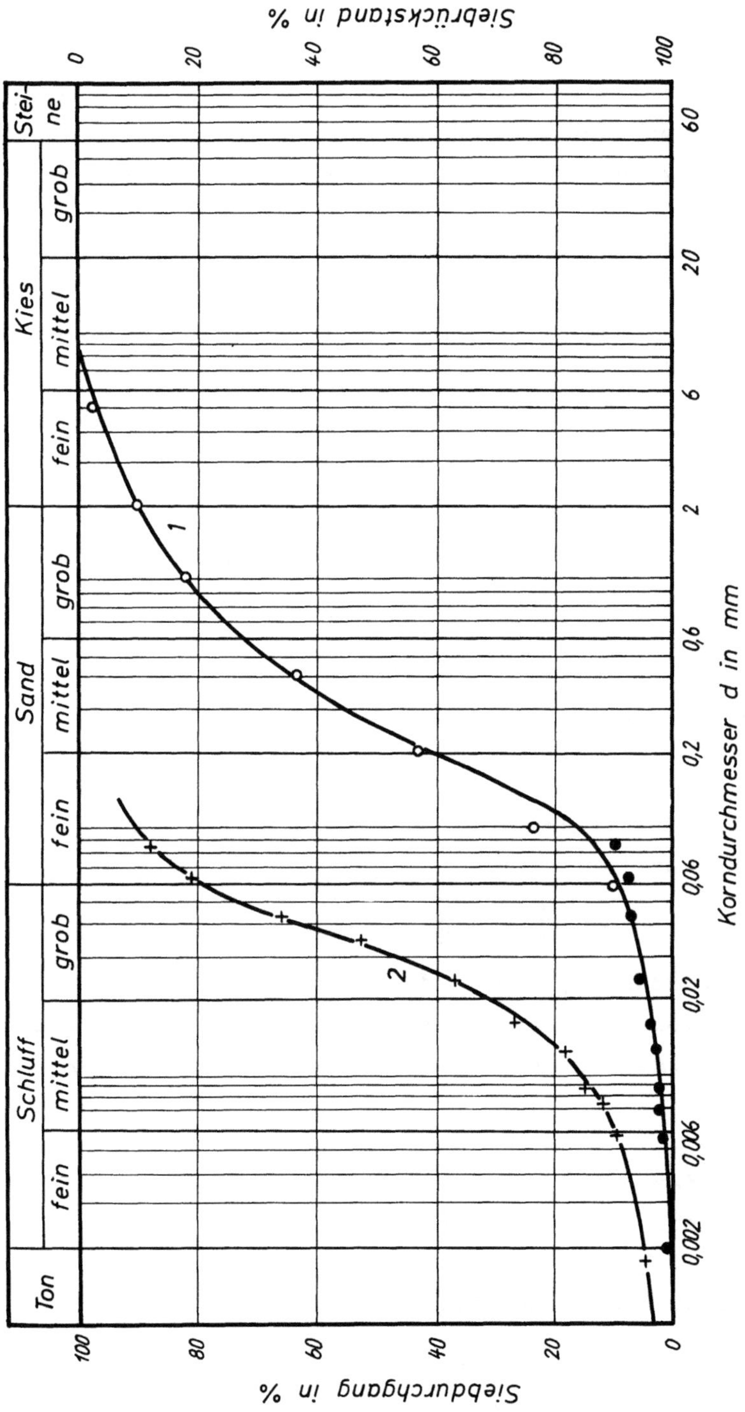

+ N aus der Schlämmanalyse
● N'aus der Schlämmanalyse
○ Gewichtsprozente der Siebanalyse

Abb.8.5 Kornverteilungsdiagramm zur Siebanalyse, Abb.8.3,und Schlämmanalyse, Abb.8.4.

Das Verhältnis N hat die gleiche Bedeutung wie ein Siebdurchgang in einer Siebanalyse, ausgedrückt in Gewichtsprozent des Gesamtgewichtes.

In einer kombinierten Analyse ist N auf das Gewicht des Bodens zu beziehen, das anfänglich für die Siebanalyse verwendet wurde. Bezeichnet N' diesen bezogenen Wert, so ist:

$$N' = N \cdot \frac{G_t \ (\text{Schlämmanalyse})}{G_t \ (\text{Siebanalyse})} \quad (\%) \qquad (8.16)$$

In der Abb.8.5 stellt die Kurve 1 die reduzierten Werte N' zusammen mit den Werten aus der Siebanalyse dar. Die Kurve 2 wurde mit den Werten N in der unveränderten Form gebildet.

Ergebnisse

Die Kurve 1 der Abb.8.5 stellt einen schwachbindigen kiesigen Sand dar, dessen Ablagerung vor nicht allzulanger Zeit stattgefunden hat, wie sich aus dem geringen Anteil an feinkörnigen Stoffen und dem langgestreckten Verlauf des feinkörnigen Bereiches erkennen läßt.

Der Ungleichförmigkeitsgrad bzw. Ungleichkörnigkeitsgrad dieses Bodens ist:

$$U = \frac{d_{60}}{d_{10}} = \frac{0{,}33}{0{,}06} = 5{,}5$$

Nach den Erklärungen, die in der Aufgabe 21 zum Ungleichkörnigkeitsgrad gegeben sind, handelt es sich um einen ungleichförmigen Boden, der nur schwer zu verdichten ist.

Die Kurve 2 der Abb.8.5 gibt die Kornverteilung der feinkörnigen Stoffe des untersuchten Bodens an. Allein betrachtet, entspricht diese Kornverteilung einem tonigen Schluff mit einem Ungleichkörnigkeitsgrad von:

$$U = \frac{d_{60}}{d_{10}} = \frac{0{,}028}{0{,}0053} = 5{,}3$$

der ebenfalls nicht gut zu verdichten wäre.

Die Durchlässigkeit des untersuchten Bodens ist nicht sehr groß, da der wirksame Durchmesser d_{10} mit 0,06 mm relativ klein ist. Der Durchlässigkeitsbeiwert k läßt sich nach HAZEN (1911) annähernd aus dem wirksamen Durchmesser d_{10} ermitteln. Die empirische Gleichung zur Berechnung von k wird in der Aufgabe 21 behandelt.

Aufgabe 21 Bedeutung der Kornverteilungskurve

Abb.8.6 zeigt drei Kornverteilungskurven. Es läßt sich aus dem Verlauf dieser Kurven folgende Erkenntnis ableiten:

a) A hat einen größeren Ungleichkörnigkeitsgrad als B
b) A hat einen größeren wirksamen Durchmesser als B
c) A kann höher verdichtet werden als B
d) B kann höher verdichtet werden als C
e) B enthält einen größeren Tonanteil als C
f) Die Ablagerung des Bodens B ist wesentlich früher erfolgt als die des Bodens C
g) B und C sind frostempfindlicher als A

Grundlagen

Als Ungleichförmigkeitsgrad bzw. Ungleichkörnigkeitsgrad wird das Verhältnis der Korndurchmesser bei 60 % und 10 % Siebdurchgang bezeichnet.

$$U = \frac{d_{60}}{d_{10}} \qquad (8.17)$$

Der Ungleichkörnigkeitsgrad läßt folgende Beurteilung zu:

U < 5	gleichförmige Böden
U = 5 bis 15	ungleichförmige Böden
U > 15	sehr ungleichförmige Böden

Als wirksamer Korndurchmesser d_{10} wird das Korn bei einem Siebdurchgang von 10 % bezeichnet. Der wirksame Korndurchmesser d_{10} hat nach HAZEN (1911) Einfluß auf die Durchlässigkeit von Böden und wird in der empirischen Formel von

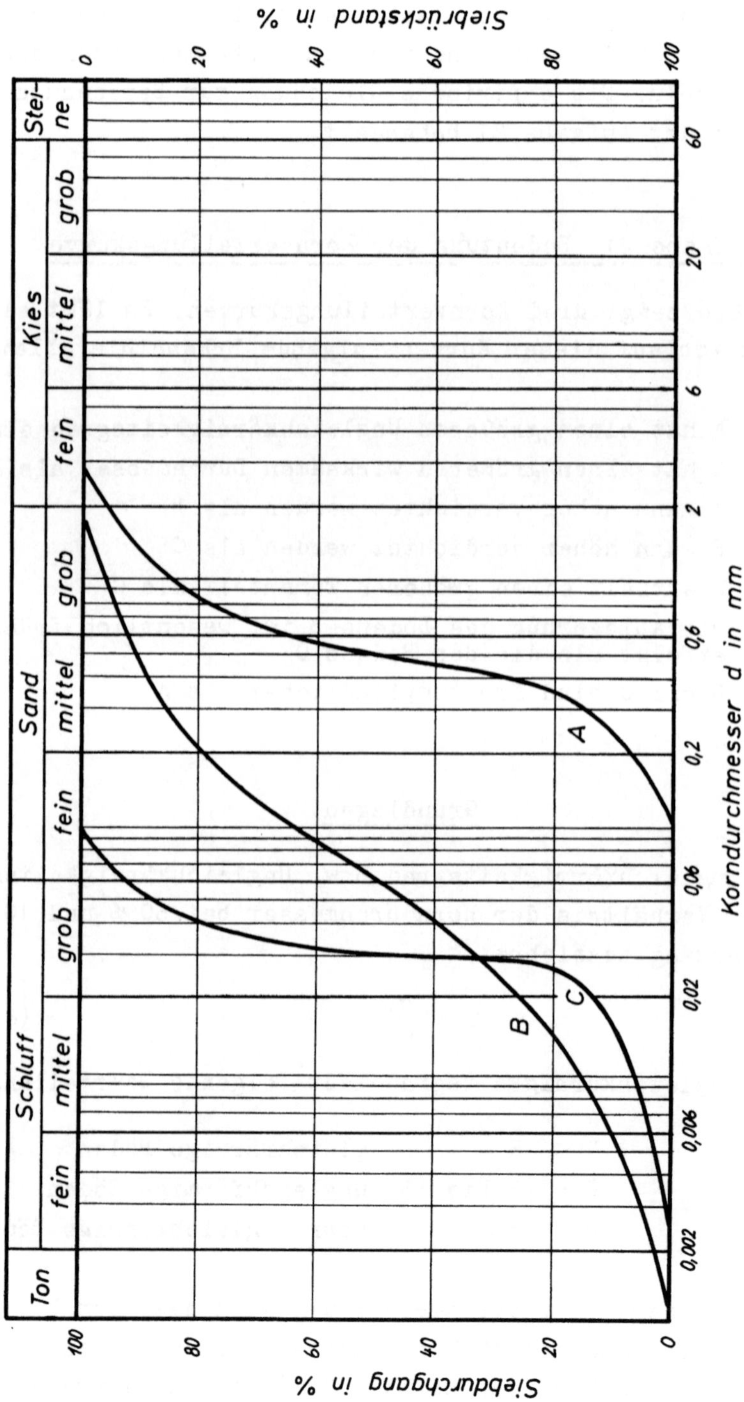

Abb.8.6 Kornverteilungskurven.

HAZEN verwendet:

$$k = c \cdot d_{10}^2 \qquad (cm/s) \qquad (8.18)$$

k = Durchlässigkeitsbeiwert in cm/s

c = ein Faktor zwischen 100 und 150 in s/cm

d_{10} = wirksamer Korndurchmesser in cm

Die Verdichtungsfähigkeit von Böden ist um so größer, je ungleichförmiger der Boden ist. Je ungleichförmiger der Boden ist, desto besser können die Hohlräume zwischen den gröberen Bestandteilen mit den feineren Bodenteilchen ausgefüllt werden und somit größere Raumgewichte erzielt werden.

Lösung

a) Die Kurve A hat folgenden Ungleichkörnigkeitsgrad:

$$U = \frac{d_{60}}{d_{10}} = \frac{0{,}54}{0{,}23} = 2{,}35$$

Die Kurve B hat folgenden Ungleichkörnigkeitsgrad:

$$U = \frac{d_{60}}{d_{10}} = \frac{0{,}090}{0{,}0056} = 16{,}1$$

Die Kurve A hat also einen kleineren Ungleichkörnigkeitsgrad. Die Kurve A ist als gleichförmiger Boden, die Kurve B dagegen als sehr ungleichförmiger Boden zu bezeichnen.

b) Der wirksame Durchmesser der Kurve A ist:

$$d_{10} = 0{,}23 \text{ mm}$$

Der wirksame Durchmesser der Kurve B ist:

$$d_{10} = 0{,}0056 \text{ mm}$$

Die Kurve A hat also einen größeren wirksamen Durchmesser als die Kurve B, dementsprechend ist auch die Durchlässigkeit des Bodens A größer.

c) Die Verdichtungsfähigkeit eines Bodens hängt vom Ungleichkörnigkeitsgrad U ab. Da der Ungleichkörnigkeitsgrad des Bodens B größer ist als der des Bodens A, ist es der Boden B, der höher verdichtet werden kann.

d) Der Ungleichkörnigkeitsgrad des Bodens C ist:

$$U = \frac{d_{60}}{d_{10}} = \frac{0{,}031}{0{,}018} = 1{,}72$$

Der Boden B ist mit U = 16,1 besser zu verdichten als der Boden C mit U = 1,72.

e) Der Boden B enthält einen größeren Tonanteil als der Boden C.

f) In Abb. 8.15 sind Böden mit verschiedenen Entstehungsarten eingetragen. Kornverteilungskurven, die im Bereich der feinkörnigen Stoffe langgestreckt sind, wie die Kurve 1 der Abb. 8.15, lassen darauf schließen, daß die Ablagerung vor noch nicht allzulanger Zeit stattgefunden hat. Dieses Merkmal trägt auch die Kurve C des Beispiels. Es ist daher richtig, daß der Boden B sich wesentlich früher abgelagert hat als der Boden C. Je höher der Anteil an feinkörnigen Stoffen ist, desto älter ist die Ablagerung. Ein Beispiel dafür gibt die Kurve 2 der Abb. 8.15.

g) In Abb. 8.16 ist das Kriterium von SCHAIBLE (1957) für die Frostgefährlichkeit von Böden wiedergegeben. Nach diesem Kriterium müssen solche Böden als frostgefährlich bezeichnet werden, deren Anteil an Korngrößen < 0,02 mm größer ist als 10 %.

Das Kriterium von SCHAIBLE gestattet die Ausführung wirtschaftlicher Lösungen und ist in dieser Beziehung vorteilhafter als das Kriterium von CASAGRANDE (1934), nach dem bereits solche Böden als frostgefährlich bezeichnet werden, deren Anteil an Korngrößen < 0,02 mm größer ist als 3 %. Nach dem Frostkriterium von SCHAIBLE ist der Boden C als frostempfindlich und der Boden B als frostgefährlich zu bezeichnen. Der Boden A dagegen ist nicht durch Frost gefährdet.

Aufgabe 22 Aräometerablesungen

Eine Mischung aus Boden und Wasser mit einem Volumen von 1000 cm^3 wird für eine Schlämmanalyse vorbereitet. In der Mischung beträgt der Anteil des Bodens 51 g. Der Boden hat ein spezifisches Gewicht von γ_s = 2,72 g/cm^3. Die Eichtemperatur und Versuchstemperatur ist die gleiche und beträgt 4°C.

Welchen Wert würde man am Aräometer ablesen, wenn man es in dem Augenblick in die Flüssigkeit eintauchen und ablesen könnte, in dem die Setzung der Feststoffe beginnt?

Lösung

In dem Augenblick, in dem die Setzung der Bodenteilchen beginnt, ist das Verhältnis zwischen den Gewichten G_t' und G_t der Gl.(8.12) exakt gleich 1 bzw. N = 100 %, denn das Gewicht der Suspension je Volumeneinheit hat noch keine Änderung erfahren. Die Lesung r des Aräometers läßt sich aus der Gl.(8.15) ermitteln:

$$1 = \frac{2{,}72}{1{,}72} \cdot \frac{1000}{51}(r-1) \qquad (8.19)$$

Für eine Temperatur von 4°C ist nach Tab.6.2 sowohl γ_c als auch r_w = 1,0 g/cm^3. Aus der Gl.(8.19) erhält man:

$$r = 1 + \frac{1{,}72}{2{,}72} \cdot \frac{51}{1000} = 1{,}032 \ g/cm^3$$

Ergebnisse

Der Wert r entspricht dem Raumgewicht der Suspension bei Beginn des Absetzvorganges. Das Raumgewicht einer Suspension mit einem Volumen von 1000 cm^3 und einem Feststoffgehalt von etwa 50 g liegt im Bereich des errechneten Wertes.

Bei einem spezifischen Gewicht von γ_s = 2,65 g/cm^3 und einem Feststoffgewicht von 50 g ist r = 1,031. Bei einem spezifischen Gewicht von γ_s = 2,85 g/cm^3 und einem Feststoffgewicht von 50 g ist r = 1,033.

Aufgabe 23 Kornverteilung gemischter Böden

Für den Unterbau einer Straße sind zwei Bodenarten verfügbar, deren Kornverteilungen in Abb.8.8 dargestellt sind. Die Kurve A stellt einen sandigen Kies und die Kurve B einen sandigen Schluff dar.

Welche Kornverteilung ergibt sich, wenn die Böden A und B im Verhältnis 1 : 1 gemischt werden?

Welche Kornverteilung ergibt sich, wenn die Böden A und B im Verhältnis 1:2 gemischt werden?

Grundlagen

Wenn zwei Böden miteinanader gemischt werden, so hat die Kornverteilungskurve, die aus dieser Mischung resultiert, einen Verlauf, der sich mathematisch ableiten läßt und eine erneute Siebanalyse oder Schlämmanalyse erübrigt. Das Mischungsverhältnis aus zwei Bodenarten sei:

$$A : B = 1 : n \qquad (8.20)$$

Bezeichnen q_a und q_b die Siebrückstände der Kurven A und B in Gewichtsprozent, so ist das Gewicht des Siebrückstandes der Kurve A:

$$q_a \cdot G_a \cdot \frac{1}{100} \quad (g) \qquad (8.21)$$

und das Gewicht des Siebrückstandes der Kurve B:

$$q_b \cdot G_b \cdot \frac{1}{100} \quad (g) \qquad (8.22)$$

G_a oder G_b ist jeweils das Gesamtgewicht der untersuchten Bodenprobe.

Ist das Mischungsverhältnis A/B = 1/n und werden die beiden Böden in diesem Verhältnis gemischt, so ist in der

Mischung das Gewicht des Siebrückstandes aus der Kurve A unverändert:

$$q_a \cdot G_a \cdot \frac{1}{100} \qquad (g) \qquad (8.23)$$

Das Gewicht des Siebrückstandes aus der Kurve B vervielfacht sich jedoch mit dem Faktor n:

$$n \cdot q_b \cdot G_b \cdot \frac{1}{100} \qquad (g) \qquad (8.24)$$

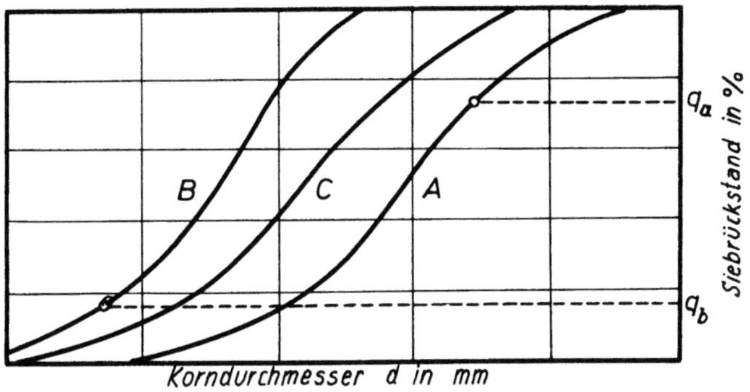

Abb.8.7 Verlauf einer zusammengesetzten Kornverteilungskurve.

In der Mischung ist die Summe beider Siebrückstände:

$$(q_a \cdot G_a + n \cdot q_b \cdot G_b) \cdot \frac{1}{100} \qquad (g) \qquad (8.25)$$

Dividiert man das Gewicht nach Gl.(8.25) durch das Gesamtgewicht der Mischung G_c, so erhält man den Siebrückstand der Mischung q_c in Gewichtsprozent:

$$q_c = \frac{q_a \cdot G_a + n \cdot q_b \cdot G_b}{G_c} \qquad (\%) \qquad (8.26)$$

Das Gesamtgewicht G_c hängt ebenfalls vom Mischungsverhältnis ab und ist bei dem gewählten Mischungsverhältnis:

$$G_c = G_a + n \cdot G_b \qquad (g) \qquad (8.27)$$

Die Gewichte G_a und G_b können beliebig groß angenommen werden. Nimmt man an, daß $G_a = G_b$ ist, und setzt man die Gl.(8.27) in die Gl.(8.26) ein, so ist der Siebrückstand der Mischung:

$$q_c = \frac{1}{1+n} (q_a + n \cdot q_b) \qquad (\%) \qquad (8.28)$$

⌀ mm	q_a %	q_b %	$(q_a + q_b)$ %	$q_c = 1/2(q_a + q_b)$ %
6	6	---	6	3
2	30	---	30	15
0,6	65	5	70	35
0,2	88	12	100	50
0,06	100	27	127	63,5
0,02	100	45	145	72,5
0,006	100	75	175	87,5
0,002	100	92	192	96
0,001	100	97	197	98,5

Tab.8.1 Ermittlung der Kornverteilung für zwei gemischte Böden. Mischungsverhältnis A/B = 1/1.

⌀ mm	q_a %	q_b %	$2q_b$ %	$q_a + 2q_b$ %	$q_c = 1/3(q_a + 2q_b)$ %
6	6	---	---	6	2
2	30	---	---	30	10
0,6	65	5	10	75	25
0,2	88	12	24	112	37,3
0,06	100	27	54	154	51,3
0,02	100	45	90	190	63,3
0,006	100	75	150	250	83,5
0,002	100	92	184	284	94,8
0,001	100	97	194	294	98,1

Tab.8.2 Ermittlung der Kornverteilung für zwei gemischte Böden. Mischungsverhältnis A/B = 1/2.

Bei einem Mischungsverhältnis von A/B = 1/1 ist:

$$q_c = \frac{1}{2}(q_a + q_b) \qquad (\%) \qquad (8.29)$$

Bei einem Mischungsverhältnis A/B = 1/2 ist:

$$q_c = \frac{1}{3}(q_a + 2q_b) \qquad (\%) \qquad (8.30)$$

Lösung

Mit Gl.(8.29) läßt sich die Kornverteilungskurve für den Fall A/B = 1/1 ermitteln. Die Berechnung ist in der Tab.8.1 durchgeführt, und die Ergebnisse sind in der Ab.8.8 dargestellt.

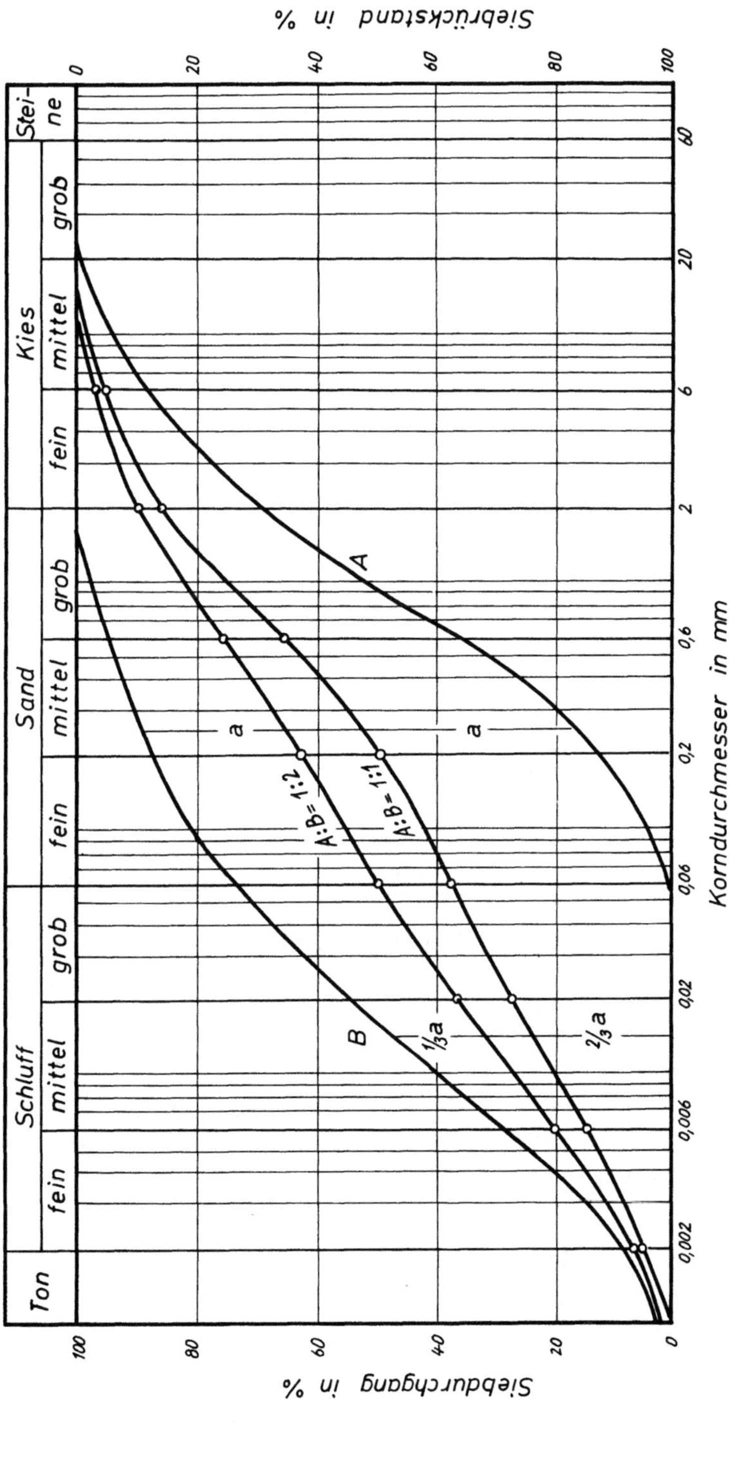

Abb.8.8 Darstellung der Kornverteilungskurven aus zwei gemischten Böden. A/B = 1/1 und A/B = 1/2.

Mit Gl.(8.30) läßt sich die Kornverteilungskurve für den Fall A/B = 1/2 ermitteln. Die Berechnung ist in der Tab.8.2 durchgeführt, und die Ergebnisse sind ebenfalls in Abb.8.8 dargestellt.

Ergebnisse

In die Gl.(8.28) kann für n jede positive gerade oder gebrochene Zahl eingesetzt werden. Man liest unmittelbar aus der Gleichung ab, daß die Kornverteilungskurve C in die Kornverteilungskurve A übergeht, wenn n = 0 ist, und daß sie sich der Kornverteilungskurve B nähert, wenn n unendlich groß wird.

Die Siebrückstände einer Mischungskurve aus mehr als zwei Kurven lassen sich in ähnlicher Form ableiten. Bei einer Mischung aus drei verschiedenen Böden im Verhältnis A/B/C = a/b/c sind beispielsweise die Gewichtsprozente der Siebrückstände des gemischten Bodens E:

$$q_e = \frac{a \cdot q_a + b \cdot q_b + c \cdot q_c}{a + b + c} \quad (\%) \qquad (8.31)$$

Aufgabe 24 Ermittlung des Mischungsverhältnisses

Für den Bau einer Talsperre sind in der Nähe der Baustelle zwei verschiedene Bodenarten A und B vorhanden, die jedoch nicht die gewünschte Kornverteilung haben. Von der Bauleitung ist das in Abb. 8.10 dargestellte Kriterium für die Kornverteilung zu erfüllen. Die ebenfalls eingetragenen Kornverteilungskurven der beiden vorhandenen Böden liegen außerhalb des geforderten Bereiches.

Gibt es ein Mischungsverhältnis für diese beiden Böden, aus dem eine Kornverteilungskurve gewonnen werden kann, die das Kriterium erfüllt?

Welches Mischungsverhältnis müßte gewählt werden, um das

Kriterium zu erfüllen?

Grundlagen

Aus der Gl.(8.28) läßt sich der Faktor n ableiten, der das Mischungsverhältnis angibt. Es ist:

$$1 + n = \frac{q_a}{q_c} + n \cdot \frac{q_b}{q_c} \tag{8.32}$$

$$n - n \cdot \frac{q_b}{q_c} = \frac{q_a}{q_c} - 1 \tag{8.33}$$

$$n \cdot \left(1 - \frac{q_b}{q_c}\right) = \frac{q_a}{q_c} - 1 \tag{8.34}$$

$$n = \frac{q_a - q_c}{q_c - q_b} \tag{8.35}$$

In der Gl.(8.35) bedeutet q_c den Siebrückstand in Gewichtsprozent entweder für die obere oder für die untere Grenze des Kriteriums.

Man bestimmt für verschiedene Korndurchmesser den Faktor n der oberen Grenze und der unteren Grenze. Wenn es einen Faktor n gibt, der für alle Korndurchmesser zwischen diesen errechneten Werten liegt, dann lassen sich die beiden Böden in der gewünschten Weise mischen. Das gewünschte Mischungsverhältnis ist dann:

$$A/B = 1/n.$$

Lösung

In der Tab.8.3 sind die Faktoren n für die obere Grenze und in der Tab.8.4 die Faktoren für die untere Grenze des Kriteriums ermittelt. In der ersten Spalte stehen die Korndurchmesser in mm. In der zweiten Spalte sind für die Kurve A die Siebrückstände in Gewichtsprozent q_a für die jeweiligen Durchmesser eingetragen. In der dritten Spalte erscheinen die Siebrückstände in Gewichtsprozent q_b für die Kurve B. In der Tab.8.3 gibt die Spalte 4 die Siebrückstände q_c für die obere Grenze des Kriteriums und in der Tab.8.4 die

⌀	q_a	q_b	q_c	q_a-q_c	q_c-q_b	$n=\frac{q_a-q_c}{q_c-q_b}$
mm	%	%	%	%	%	%
1	2	3	4	5	6	7
6	---	---	---	---	---	---
2	11	---	---	11	---	---
0,6	35	---	3	32	3	10,7
0,2	66	2	20	46	18	2,56
0,06	85	15	47	38	32	1,19
0,02	97	36	70	27	34	0,79
0,006	100	67	85	15	18	0,83
0,002	100	80	92	8	12	0,67
0,001	100	87	95	5	8	0,63

Tabelle 8.3 Ermittlung der Faktoren n für die obere Grenze des Kriteriums.

⌀	q_a	q_b	q_c	q_a-q_c	q_c-q_b	$n=\frac{q_a-q_c}{q_c-q_b}$
mm	%	%	%	%	%	%
1	2	3	4	5	6	7
6	---	---	---	---	---	---
2	11	---	8	3	5	0,60
0,6	35	---	23	12	23	0,52
0,2	66	2	45	21	43	0,49
0,06	85	15	76	9	61	0,15
0,02	97	36	90	7	54	0,13
0,006	100	67	97	3	20	0,15
0,002	100	80	100	---	20	---
0,001	100	87	100	---	13	---

Tabelle 8.4 Ermittlung der Faktoren n für die untere Grenze des Kriteriums.

entsprechenden Siebrückstände für die untere Grenze an. Die Spalten 5 und 6 zeigen die Differenzen q_a-q_c und q_c-q_b, die zur Berechnung von n in der Spalte 7 benötigt werden.

Um festzustellen, ob es einen gemeinsamen Faktor n gibt, werden die Ergebnisse der Tab.8.3 und 8.4 graphisch ausgewertet. Trägt man die Faktoren n in Abhängigkeit vom Korndurchmesser für die obere und die untere Grenze auf, wie es in Abb.8.9 geschehen ist, so erhält man zwei Grenzlinien. Wenn es eine Parallele zur Ordinate gibt, die diese Grenzlinien nicht schneidet, so ist die gesuchte Mischung mög-

⌀ mm	q_a %	q_b %	$0{,}6q_b$ %	$q_a+0{,}6q_b$ %	$q_c=\frac{1}{1{,}6}(q_a+0{,}6q_b)$ %
6	---	---	---	---	---
2	11	---	---	11	6,9
0,6	35	---	---	35	21,9
0,2	66	2	1,2	67,2	42,0
0,06	85	15	9,0	94,0	58,8
0,02	97	36	21,6	118,6	74,0
0,006	100	67	40,2	140,2	87,7
0,002	100	80	48,0	148,0	92,5
0,001	100	87	52,2	152,2	95,0

Tabelle 8.5 Siebrückstände q_c in Gewichtsprozent für einen gemischten Boden. Mischungsverhältnis A/B = 1/0,60.

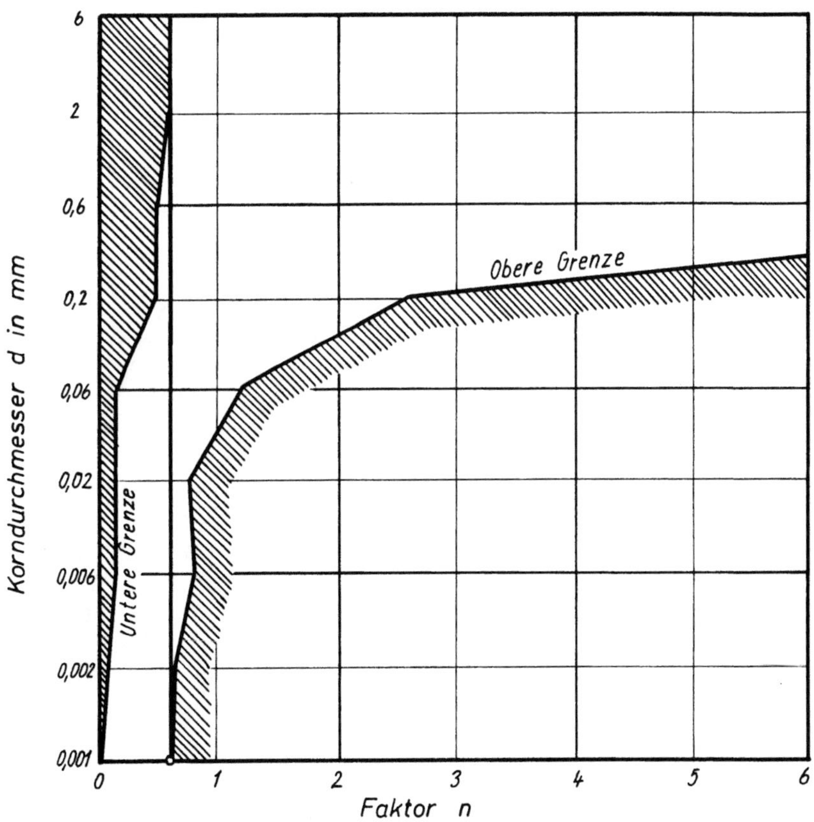

Abb.8.9 Faktoren n als Funktion der Korndurchmesser.

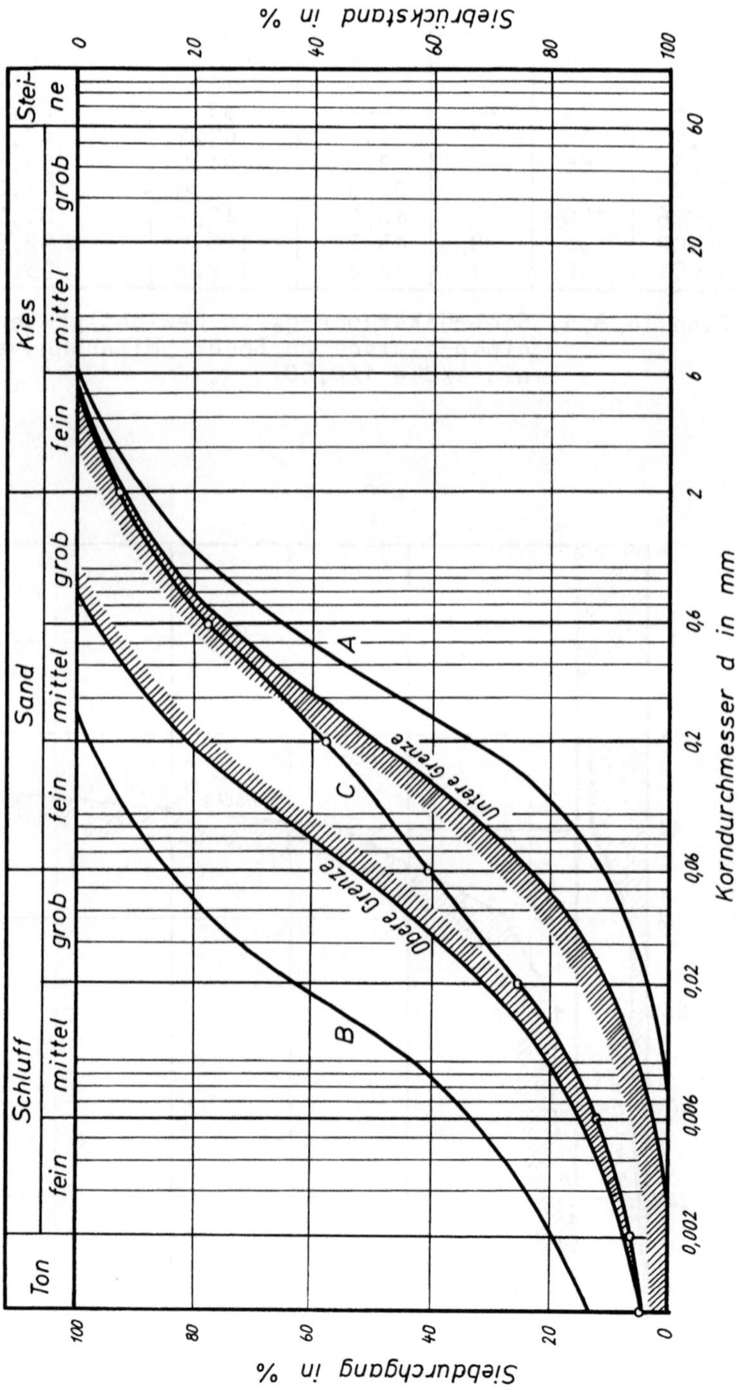

Abb.8.10 Kornverteilung eines gemischten Bodens. Mischungsverhältnis A/B = 1/0,60.

lich. Das entsprechende Mischungsverhältnis kann im Schnittpunkt dieser Parallelen zur Ordinate mit der Abszisse abgelesen werden.

In dem gegebenen Beispiel ist eine Mischung der beiden Böden in der gewünschten Weise möglich. Das Kriterium wird erfüllt, wenn das Mischungsverhältnis:

$$A/B = 1/0{,}60 \quad \text{ist.}$$

Der Siebrückstand in Gewichtsprozent q_c für den gemischten Boden ist in der Tab.8.5 errechnet und ebenfalls in Abb.8.10 eingetragen. Nach Gl.(8.28) ist:

$$q_c = \frac{1}{1{,}6} \cdot (q_a + 0{,}6 \cdot q_b)$$

Ergebnisse

Die Kornverteilungskurve der gemischten Böden muß, wenn das Mischungsverhältnis richtig errechnet wurde, zwischen der oberen und der unteren Grenze des Kriteriums liegen, wie es in Abb.8.10 der Fall ist.

Wenn mehr als zwei Böden miteinander vermischt werden sollen, so läßt sich das Mischungsverhältnis nicht mehr unmittelbar bestimmen. In diesen Fällen ist die Anzahl der Böden durch vorherige Mischung auf zwei zu reduzieren. Um das gegebene Kriterium zu erfüllen, sind in solchen Fällen meistens mehrere Versuche erforderlich.

Aufgabe 25 Aräometerteilungen

Für die Durchführung einer Schlämmanalyse steht ein Aräometer zur Verfügung, dessen Einteilung in g Feststoffen je 1 Liter Suspension angegeben ist. Aräometer mit dieser Einteilung sind in den USA genormt unter ASTM-AASHO,152H.

Welcher Wert r ist in diesem Falle in den Spalten 4 und

5 des Formulares zur Durchführung einer Schlämmanalyse, Abb.8.4, einzusetzen?

Grundlagen

Das Formular zur Durchführung einer Schlämmanalyse, Abb. 8.4, baut auf der Gl.(8.15) auf. In dieser Gleichung bedeutet $\gamma_c \cdot r$ das Raumgewicht γ der Suspension in g/cm^3. Wenn ein Aräometer die Raumgewichte nicht unmittelbar angibt, so müssen die Lesungen umgerechnet werden. Die Frage lautet also: Welches Raumgewicht hat eine Suspension von 1 Liter, in der 1 g Feststoffe enthalten sind?

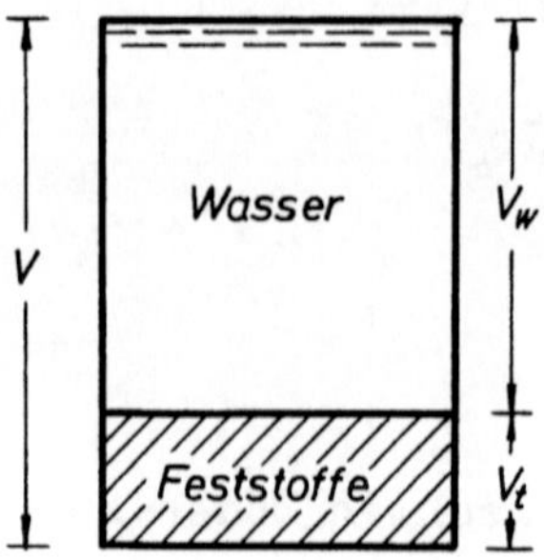

Abb.8.11 Feststoffe und Wasser in einer Suspension.

Das Raumgewicht ist:

$$\gamma = \frac{G}{V} = \frac{G_w + G_t}{V} \quad (g/cm^3) \quad (8.36)$$

Mit G_t = 1 g ist:

$$\gamma = \frac{\gamma \cdot V_w + 1}{V} \quad (g/cm^3) \quad (8.37)$$

Mit $V_w = V - V_t$ (cm^3) sowie $V_t = 1/\gamma_s$ und γ_w = 1,0 g/cm^3 ist:

$$\gamma = \frac{V - 1/\gamma_s + 1}{V} \quad (g/cm^3) \quad (8.38)$$

Mit V = 1000 cm^3 ist:

$$\gamma = \frac{1000 - 1/\gamma_s + 1}{1000} \quad (g/cm^3) \quad (8.39)$$

$$\gamma = 1 + 0{,}001 \cdot (1 - 1/\gamma_s) \quad (g/cm^3) \quad (8.40)$$

Der Wert $\gamma_c \cdot r$ ist dann:

$$\gamma_c \cdot r = 1 + 0{,}001 \cdot (1 - 1/\gamma_s) \cdot L \quad (g/cm^3) \quad (8.41)$$

In der Gl.(8.41) ist L die Lesung in g Feststoffen je 1 Liter Suspension.

Lösung

Bei einer Suspension mit L g Feststoffen in einem Liter ist für r zu setzen:

$$r = \left[1 + 0{,}001 \cdot \left(1 - \frac{1}{\gamma_s} \right) \cdot L \right] \cdot \frac{1}{\gamma_c}$$

Ergebnisse

Bei einer Suspension aus etwa 50 g Feststoffen in 1000 cm^3 Gesamtvolumen und bei einem mittleren spezifischen Gewicht der Feststoffe von γ_s = 2,67 g/cm^3 müßte das spezifische Gewicht der Suspension etwa γ_s = 1,03 g/cm^3 betragen, wie schon in der Aufgabe 22 ermittelt wurde. In der Tat ist:

$$\gamma = 1 + 0{,}001 \left(1 - \frac{1}{2{,}67} \right) \cdot 50 = 1{,}031 \qquad g/cm^3$$

8.2 Berechnungstafeln und Zahlenwerte

°C	0	1	2	3	4	5	6	7	8	9
0	17,94	17,32	16,74	16,19	15,68	15,19	14,73	14,29	13,87	13,48
10	13,10	12,74	12,39	12,06	11,75	11,45	11,16	10,88	10,60	10,34
20	10,09	9,84	9,61	9,38	9,16	8,95	8,75	8,55	8,36	8,18
30	8,00	7,83	7,67	7,51	7,36	7,31	7,06	6,92	6,79	6,66
40	6.54	6,42	6,30	6,18	6,08	5,97	5,87	5,77	5,68	5,58
50	5,49	5,40	5,32	5,24	5,15	5,07	4,99	4,92	4,84	4,77
60	4,70	4,63	4,56	4,50	4,43	4,37	4,31	4,24	4,19	4,13
70	4,07	4,02	3,96	3,91	3,86	3,81	3,76	3,71	3,66	3,62
80	3,57	3,53	3,48	3,44	3,40	3,36	3,32	3,28	3,24	3,20
90	3,17	3,13	3,10	3,06	3,03	2,99	2,96	2,93	2,90	2,87
100	2,84	2,82	2,79	2,76	2,73	2,70	2,67	2,64	2,62	2,59

Tabelle 8.6 Viskosität des Wassers in Abhängigkeit von der Temperatur in Millipoise.

1 dyn·s/cm^2 = 1 Poise

1 g·s/cm^2 = 980,7 Poise

1 Poise = 1000 Millipoise

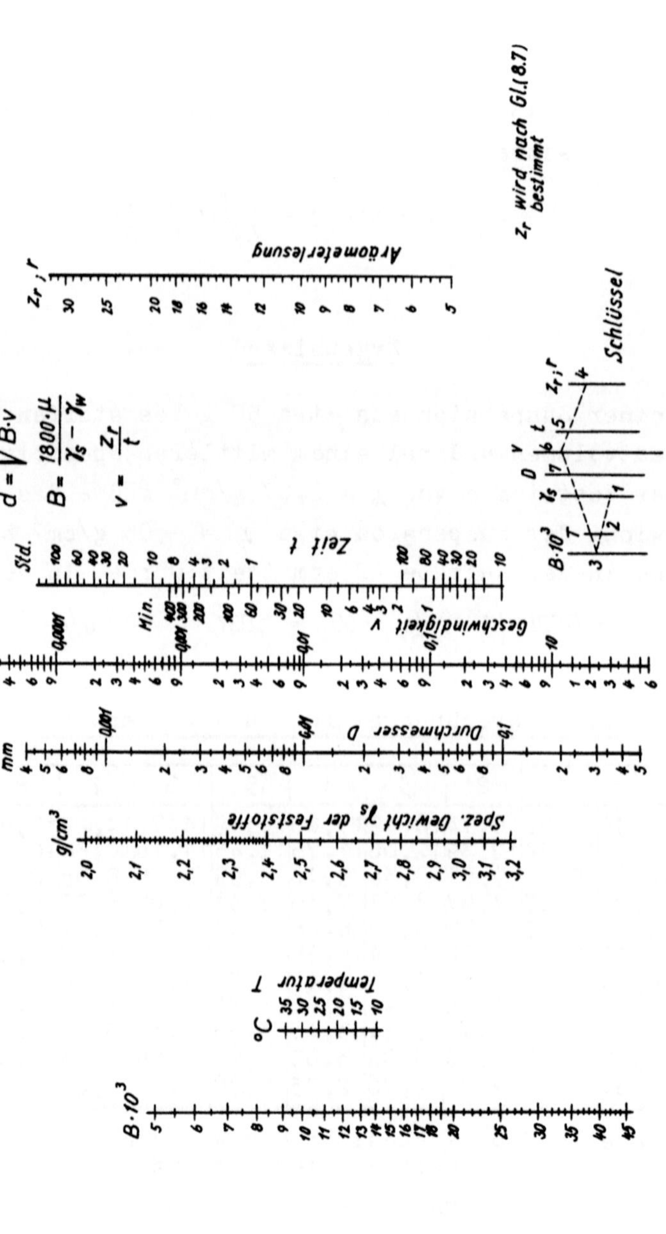

Abb.8.12 Nomogramm zur Bestimmung der Kornverteilung nach dem Stokeschen Gesetz (nach A. CASAGRANDE).

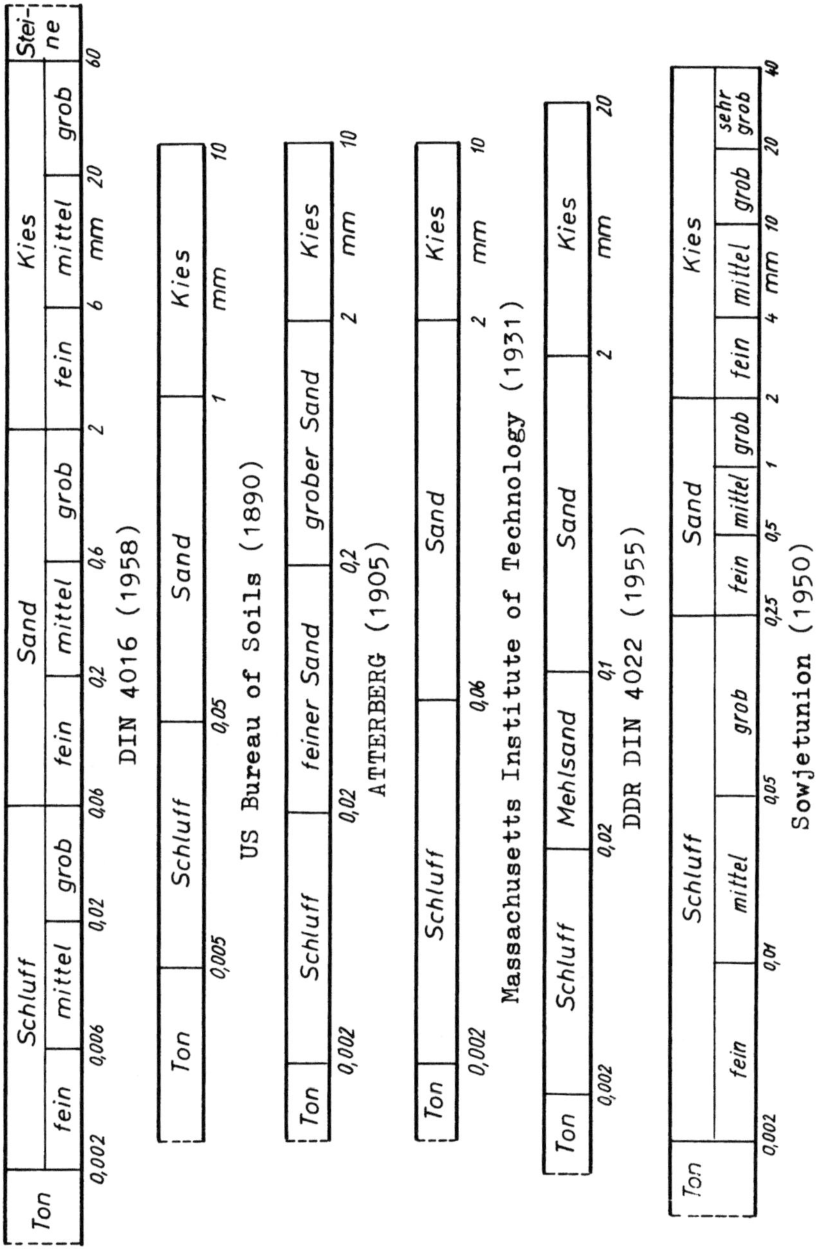

Abb.8.13 Einteilung verschiedener Kornverteilungsdiagramme.

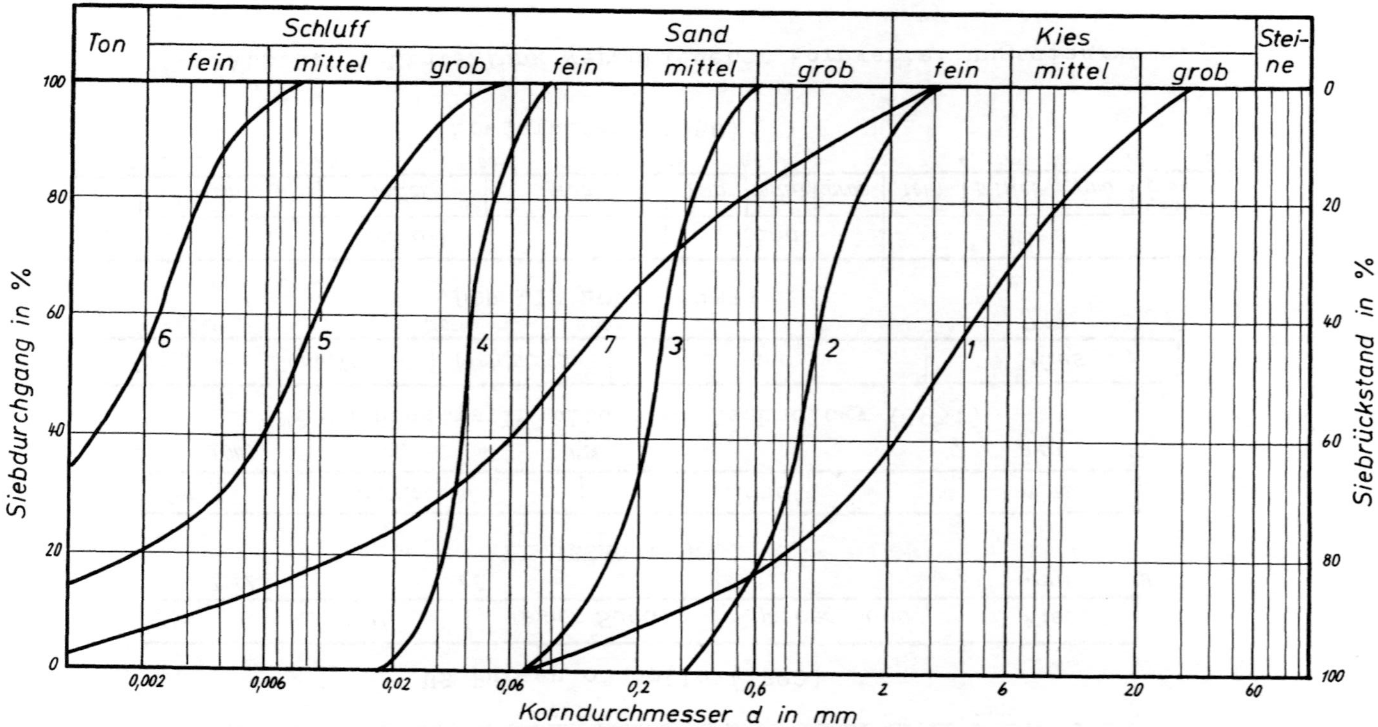

Abb.8.14 Kornverteilung häufiger Bodenarten.

1. Sand und Kies
2. Grober Sand
3. Feiner und mittlerer Sand
4. Grober Schluff
5. Toniger Schluff
6. Ton
7. Geschiebemergel

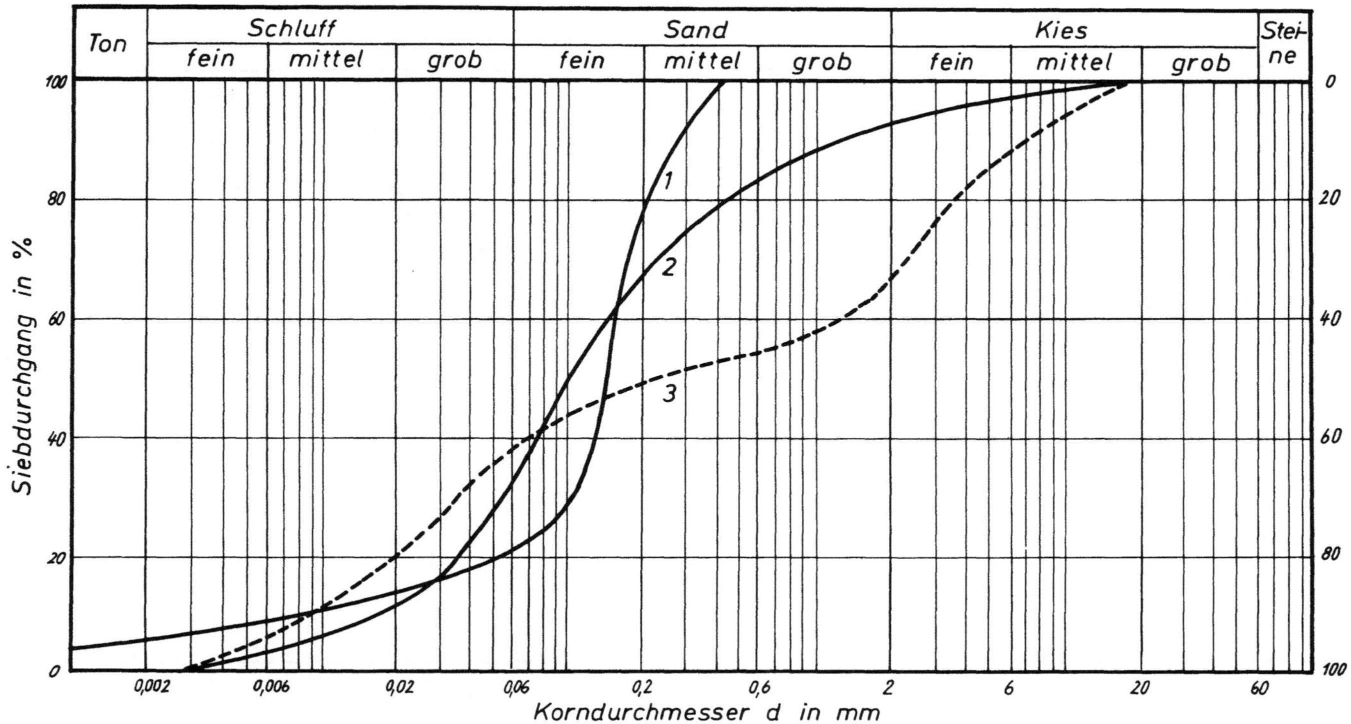

Abb.8.15 Kornverteilungskurven für Böden verschiedener Entstehungsarten nach TERZAGHI/PECK (1962).

1. Junge Ablagerung 2. Alte Ablagerung 3. Flußablagerung mit fehlendem Korn

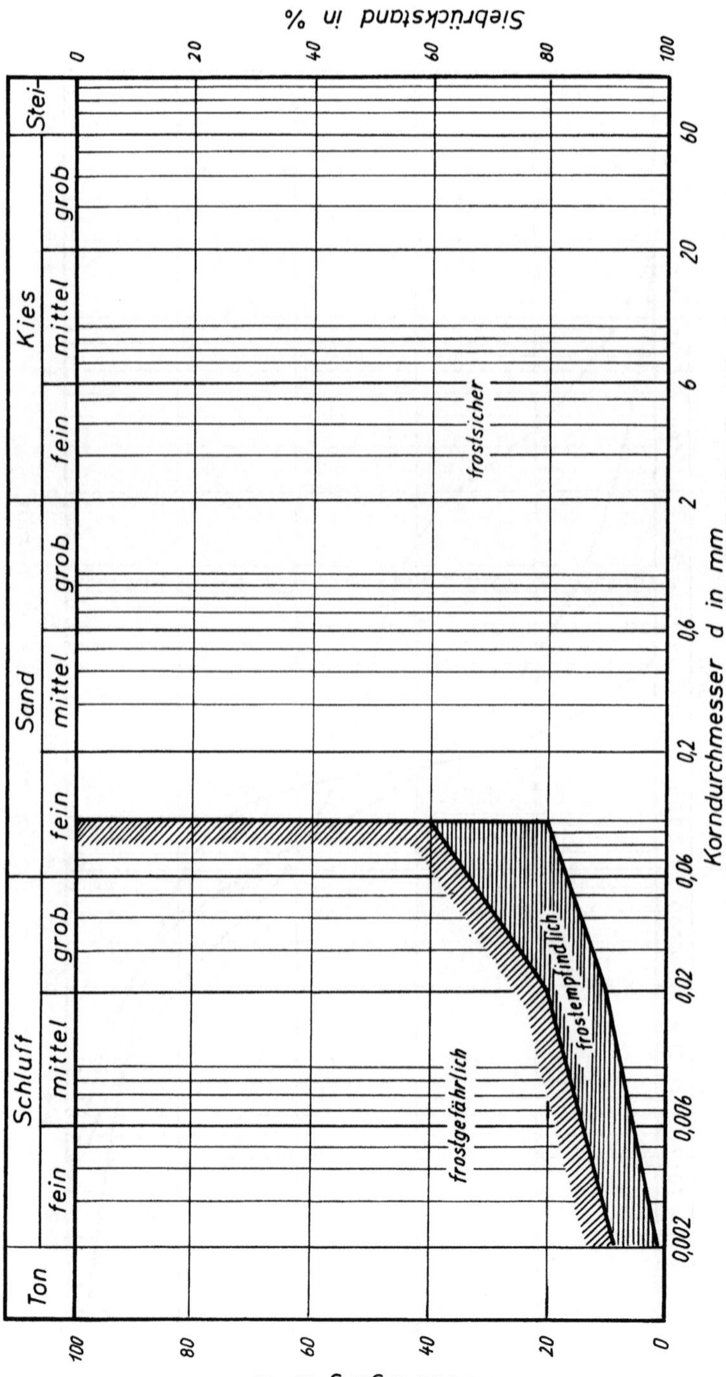

Abb.8.16 Frostkriterium nach SCHAIBLE (1957).

8.3 Literatur

HAZEN (1892) Some physical properties of sands and gravels with special reference to their use in filtration. 24.Ann.Report Mass.State Board of Health, Publ.Document 34, S.539.

HAZEN (1911) Discussion of "Dams on sand foundations" by A.C. Koenig. Transactions of the American Society of Civil Engineers, Vol.73, S.199.

BOUYOUCOS (1927) The hydrometer as a new and rapid method for determining the colloidal content of soils. Soil Science 23, S.319.

GESSNER (1931) Die Schlämmanalyse. Leipzig.

CASAGRANDE (1934) Die Aräometermethode zur Bestimmung der Kornverteilung von Böden. Berlin.

CASAGRANDE (1934) Bodenuntersuchungen im Dienste des neuzeitlichen Straßenbaus. Straßenbau 25, S.25.

SQIRES, L./SQIRES, W. (1937) Transactions of the American Institute of Chemical Engineers.

CASAGRANDE/FADUM (1940) Notes on soil testing for engineering purposes. Harvard Univ.Soil Mech.Series, No.8.

SCHWEYER/WORK (1941) Methods for determining the particle size distribution. In: Symposium on new methods for particle size determination in the subsieve range. Am. Soc.for Test. Mat., Spec.Techn.Publ., No.51.

GLOSSOP/SKEMPTON (1945) Particle size in silts and sands. Inst.Civ.Engrs.London, Paper 5492, Dec.1945, S.81-105.

SCHIEL (1948) Bestimmung der Kornform. Abh.ü.Bodenmech.u. Grundbau. Berlin/Bielefeld/Detmold, S.63.

DALLAVALLE (1948) Micromeritics. Pitman Publishing Corp. New York.

TAYLOR (1948) Fundamentals of soil mechanics. Wiley & Sons New York, S. 45.

TERZAGHI/PECK (1948) Soil mechanics in engineering practice. Wiley & Sons New York, S.17.

SHOCKLEY/GARBER (1953) Correlation of some physical properties of sand. Proc.3rd Int.Conf.Soil Mech.Found.Eng. Zürich, Bd.I, S.203.

SCHAIBLE (1955) Über Beobachtungen an Frost- und Tauschäden auf Verkehrswegen.Forsch.Arb.Straßenwesen, H.17, S.44.

ENDERS (1957) Ein Rechenschieber zur Auswertung des Stokeschen Gesetzes beim Aräometerversuch. Bauingenieur 32, S.389.

DIN 4188 (1957/62) Blatt 1 und 2, Drahtgewebe für Prüfsiebe.

DIN 4016 (1958) Blatt 2 -Baugrund. Untersuchung von Bodenproben. Richtlinien für die Bestimmung der Kornverteilung durch den Sieb- und Schlämmversuch.

ZTVE - Lk (1959) Zusätzliche technische Vorschriften für Erdarbeiten Landeskulturbau.

DIN 4187 (1962) Blatt 1 - 3, Lochbleche für Prüfsiebe.

LAMBE (1951) Soil testing for engineers. Wiley & Sons New York, S.29.

BATEL (1964) Einführung in die Korngrößenmeßtechnik. Springer-Verlag Berlin-Göttingen-Heidelberg.

CHARDABELLAS (1964) Normung der k-Wert-Feldbestimmung durch Standardisierung der Korngrößenverteilungsdiagramme grundwasserhöffiger Lockergesteine. Mitt.Inst. Wasserwirtsch. Berlin, H.20.

SCHULTZE/MUHS (1967) Bodenuntersuchungen für Ingenieurbauten, 2. Aufl. Springer-Verlag Berlin-Heidelberg-New York, S. 344.

DIN 18 123(1967) Entwurf, Korngrößenverteilung.

9. Die kapillare Steighöhe

9.1 Aufgaben

Aufgabe 26 Absoluter Druck im Kapillarrohr

Welcher absolute Druck in at herrscht im Wasser in einem Kapillarrohr unmittelbar unter dem Meniskus, wenn der Durchmesser des Kapillarrohres $2r = 0{,}1$ mm beträgt?

Die Oberflächenspannung beträgt $Z = 75$ Dyn/cm oder 0,075 g/cm, und der Benetzungswinkel zwischen dem Wasser und der Wandung ist $\alpha = 10^o$.

Grundlagen

In einem wassergefüllten, dünnen Röhrchen nimmt die freie Wasseroberfläche eine allseitig gekrümmte Form an, die als Meniskus bezeichnet wird. Hervorgerufen wird diese Verformung durch die Oberflächenspannung des Wassers. Wenn eine gekrümmte Oberfläche aus beliebigem biegsamem Material unter einer Spannung steht, erfordert das Gleichgewicht der Kräfte unterschiedliche Spannungen oberhalb und unterhalb der gekrümmten Fläche. Diese Spannungen sind in Abb. 9.1 als p_i und p_a bezeichnet.

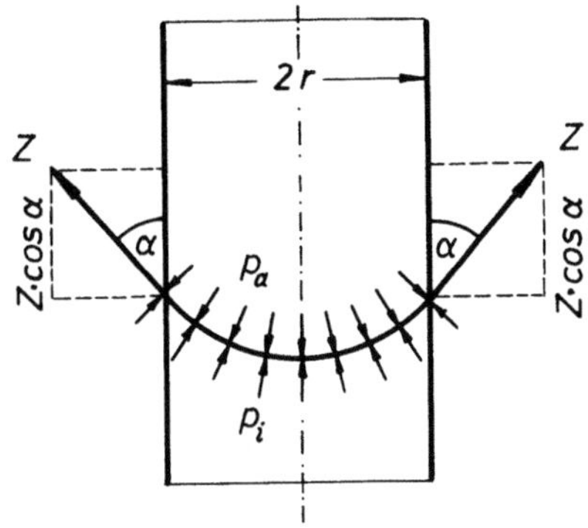

Abb. 9.1 Kräfte am Meniskus des Wassers in einem Kapillarröhrchen.

Die Oberflächenspannung Z hat für eine bestimmte Flüssigkeit jeweils annähernd einen konstanten Wert und ist für Wasser 0,075 g/cm. Der Benetzungswinkel α ist für eine bestimmte Flüssigkeit und ein bestimmtes Material des Kapillarröhrchens ebenfalls konstant und ist für Wasser und Glas $\alpha = 0^o$.

Der Innendruck des Wassers unmittelbar unter dem Meniskus kann aus den Gleichgewichtsbedingungen am Meniskus errechnet werden. Aus der Oberflächenspannung ergibt sich am Umfang des Röhrchens eine Kraft von:

$$P_1 = Z \cdot 2r \cdot \pi \qquad (g) \qquad (9.1)$$

Die Komponente dieser Kraft in vertikaler Richtung ist:

$$P_1 \cdot \cos\alpha = Z \cdot 2r \cdot \pi \cdot \cos\alpha \qquad (g) \qquad (9.2)$$

Aus dem atmosphärischen Druck p_a ergibt sich in vertikaler Richtung für die gesamte freie Wasseroberfläche eine Kraft:

$$P_2 = - p_a \cdot r^2 \cdot \pi \qquad (g) \qquad (9.3)$$

Aus dem Innendruck $p_i = p_a + p_e$ (9.4)

(p_e = Druckdifferenz)

ergibt sich in vertikaler Richtung für die gesamte freie Wasseroberfläche eine Kraft:

$$P_3 = p_i \cdot r^2 \cdot \pi \qquad (g) \qquad (9.5)$$

$$P_3 = p_a \cdot r^2 \cdot \pi + p_e \cdot r^2 \cdot \pi \qquad (g) \qquad (9.6)$$

Das Gleichgewicht der vertikalen Kräfte verlangt, daß die Summe dieser Kräfte gleich Null ist:

$$P_1 \cdot \cos\alpha + P_2 + P_3 = 0 \qquad (g) \qquad (9.7)$$

Man erhält somit:

$$Z \cdot 2 \cdot r \cdot \pi \cdot \cos\alpha + p_e \cdot r^2 \cdot \pi = 0 \qquad (9.8)$$

oder:

$$p_e = -\frac{2Z}{r} \cdot \cos\alpha \qquad (g/cm^2) \qquad (9.9)$$

Die Gl.(9.9) in die Gl.(9.4) eingesetzt, ergibt:

$$p_i = p_a - \frac{2Z}{r} \cdot \cos\alpha \qquad (g/cm^2) \qquad (9.10)$$

Der absolute Innendruck p_i ist also kleiner als der atmosphärische Druck p_a.

Lösung

Wenn der Atmosphärendruck in metrischer Atmosphäre, 1 at = 1000 g/cm² = 735,5 mm Hg bei 0°C, angegeben wird, so ist der absolute Druck nach Gl.(9.10):

$$p_i = 1000 - \frac{2 \cdot 0{,}075}{0{,}01 \cdot 0{,}5} \cdot 0{,}985 \qquad (g/cm^2)$$

$$p_i = 1000 - 29{,}6 = 970{,}4 \qquad (g/cm^2)$$

oder:

$$p_i = 0{,}9704 \quad at$$

Ergebnisse

Wenn das Kapillarröhrchen aus Glas besteht, wird der absolute Innendruck etwas kleiner. Er beträgt:

$$p_i = 0{,}970 \quad at$$

Aus der Gl.(9.10) ist unmittelbar abzulesen, daß der Innendruck gleich dem Atmosphärendruck werden muß, wenn der Radius r große Werte annimmt. Für einen Radius von r = 1mm steigt der absolute Innendruck bereits auf $p_i = 0{,}997$ at an.

Aufgabe 27 Kapillare Steighöhe und Porenabmessungen

Die kapillare Steighöhe H_k eines feinen Sandes beträgt 30 cm, bei einem feinen Schluff beträgt sie 50 cm. Die Temperatur des Wassers beträgt t = 20°C.

Wie groß ist der Unterschied der mittleren Durchmesser der Poren?

Grundlagen

Das Phänomen der Kapillarität beruht auf der Tatsache, daß Flüssigkeiten das Bestreben haben, die Flächen anzufeuchten, mit denen sie in Berührung kommen. Zusammen mit dem Unterdruck, der unmittelbar unter dem Meniskus an der freien Wasseroberfläche herrscht, bewirkt das einen Anstieg des Wassers im Kapillarrohr. Das Wasser steigt so hoch, bis der Druckunterschied zwischen Innendruck und Außendruck:

$$p_e = -\frac{2Z}{r} \cdot \cos\alpha \qquad (g/cm^2)$$

ausgeglichen ist. Die Gleichgewichtsbedingung lautet:

$$H_k\,\gamma_w - \frac{2Z}{r} \cdot \cos\alpha = 0 \qquad (9.11)$$

Die kapillare Steighöhe ist also:

$$H_k = \frac{2Z}{r \cdot \gamma_w} \cdot \cos\alpha \qquad (cm) \qquad (9.12)$$

Lösung

Mit der Gl.(9.12) läßt sich der mittlere Durchmesser der

Poren eines Bodens errechnen, wenn die kapillare Steighöhe H_k bekannt ist. Für H_k = 30 cm und cos α = 1 ist:

$$r_1 = \frac{2 \cdot 0{,}075}{30 \cdot \gamma_w} = 0{,}005 \cdot \frac{1}{\gamma_w} \qquad \text{(cm)}$$

Für H_k = 50 cm ist:

$$r_2 = \frac{2 \cdot 0{,}075}{50 \cdot \gamma_w} = 0{,}003 \cdot \frac{1}{\gamma_w} \qquad \text{(cm)}$$

Der Unterschied der Radien beträgt:

$$r_1 - r_2 = 0{,}002 \cdot \frac{1}{\gamma_w} \qquad \text{(cm)}$$

Nach der Tab.6.2 ist das spezifische Gewicht des Wassers bei t = 20°C gleich γ_s = 0,9982 g/cm³. Der Einfluß des spezifischen Gewichtes kann wegen seiner Geringfügigkeit vernachlässigt werden. Der Unterschied der mittleren Durchmesser ist also:

$$\frac{1}{2}(d_1 - d_2) = 0{,}002 \qquad \text{(cm)}$$

$$d_1 - d_2 = 0{,}004\,\text{cm} = 0{,}04\,\text{mm} = 40\,\mu$$

Ergebnisse

Je feiner die Bodenstruktur ist und je kleiner die Poren sind, desto größer muß nach Gl.(9.12) die kapillare Steighöhe H_k sein.

In Tonen mit Korngrößen $d < 0{,}002$ mm = 2 μ können die mittleren Durchmesser der Poren bis auf 0,01 μ heruntergehen, dadurch ist es möglich, daß das kapillare Wasser 100 m und mehr aufsteigen kann.

Aufgabe 28 Bestimmung der kapillaren Steighöhe im Laborversuch

Für einen schluffigen Sand soll die kapillare Steighöhe

bestimmt werden. Das Volumen der Bodenprobe beträgt $V = 141{,}7\ cm^3$. Das Volumen der Feststoffe wurde im Laboratorium mit $V_t = 85{,}1\ cm^3$ festgestellt. Die Bodenprobe hat einschließlich des Entnahmebehälters ein Gewicht von 402,5g. Der Entnahmebehälter wiegt 174,4 g. Das spezifische Gewicht des Bodens ist $\gamma_s = 2{,}68\ g/cm^3$.

Welche kapillare Steighöhe $H_{k\ max}$ hat der schluffige Sand?

Wie groß sind Porenvolumen und Porenziffer?

Grundlagen

Die kapillare Steighöhe H_k ist definiert als der Niveauunterschied zwischen dem Niveau des Grundwasserspiegels und der Oberfläche einer Wassersäule, die infolge der Kapillarkräfte über den Grundwasserspiegel emporgehoben wird, wobei alle Poren des Bodens mit Wasser gefüllt sein müssen. Die Kräfte, die diese Bewegung des Wassers hervorrufen, sind in den Aufgaben 26 und 27 erläutert.

Die aufsteigende Bewegung des Wassers ist jedoch bei der kapillaren Steighöhe H_k noch nicht abgeschlossen, das Wasser kann noch wesentlich über das Niveau der kapillaren Steighöhe H_k ansteigen, jedoch ist in diesem Bereich nur noch ein Teil der Poren des Bodens mit Wasser gefüllt.

Der untere Bereich wird als Bereich des geschlossenen Kapillarwassers und der zweite, darüberliegende Bereich als Bereich des offenen Kapillarwassers bezeichnet.

In der Bodenmechanik ist es üblich, nur die kapillare Steighöhe H_k des unteren Bereiches zu messen. H_k gibt daher nur den Unterschied zwischen dem Grundwasserhorizont und dem obersten Niveau des geschlossenen Kapillarwassers an.

In Abb.9.2 ist die kapillare Steighöhe H_k für die Kurve

B durch den Abstand a - b dargestellt. Im Bereich des geschlossenen Kapillarwassers bleibt der Sättigungsgrad unverändert, der Abschnitt a - b muß also vertikal verlaufen.

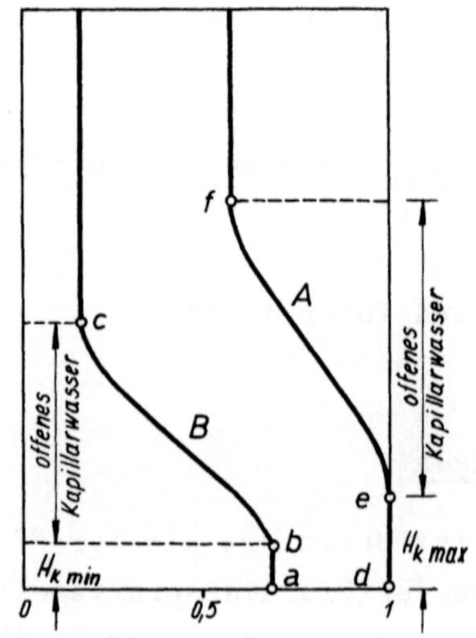

Abb.9.2 Sättigungsgrad und kapillare Steighöhe eines Bodens.

Im Bereich von b - c nimmt der Sättigungsgrad kontinuierlich ab, um schließlich im Punkt c den Wert anzunehmen, der der natürlichen Feuchtigkeit des Bodens entspricht.

Die Kurve A stellt den Zusammenhang zwischen dem Sättigungsgrad und der kapillaren Steighöhe nach einer Wasserabsenkung dar. Wieder sind beide Bereiche des geschlossenen und offenen Kapillarwassers klar erkennbar, jedoch sind die Niveauunterschiede nach der Wasserabsenkung wesentlich größer. Man bezeichnet daher den Niveauunterschied d - e als die maximale kapillare Steighöhe $H_{k\,max}$ und den Niveauunterschied a - b als die minimale kapillare Steighöhe $H_{k\,min}$.

Die Kurven A und B der Abb.9.2 stellen die obere und untere Grenze der kapillaren Steighöhen dar. Zwischen diesen Grenzwerten kann die kapillare Steighöhe beliebig schwanken.

Im Laboratorium wird im allgemeinen die maximale kapillare Steighöhe $H_{k\,max}$ ermittelt. Mit dem Gerät von BESKOW (1930), dessen Wirkungsweise bei SCHULTZE/MUHS (1967), LAMBE (1951) und bei KEZDI (1959) eingehend beschrieben wird, wird der Druck gemessen, der nötig ist, um die Kapillarkraft des Wassers zu überwinden.

Im Formular zur Bestimmung der kapillaren Steighöhe sind

jeweils die Unterdrücke angegeben, die im Versuch ermittelt wurden. Mit dem Gerät von BESKOW, dessen Wirkungsweise schematisch in Abb.9.3 dargestellt ist, wird der Unterdruck durch Heben und Senken des Schlauches an der Unterseite der Probe variiert.

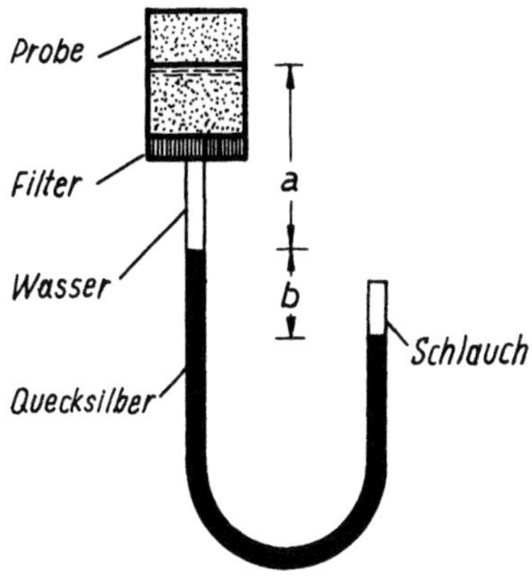

Abb.9.3 Gerät zur Bestimmung der kapillaren Steighöhe $H_{k\ max}$.

Der Unterdruck ist nach Abb.9.3:

$$h_q = a + 13{,}6b \qquad (g/cm^2) \quad (9.13)$$

Die kapillare Steighöhe $H_{k\ max}$ ist in dem Augenblick erreicht, in dem die ersten Luftblasen durch die Probe hindurchtreten, denn in dem gleichen Augenblick ist die Kapillarkraft des Wassers durch den erzeugten Unterdruck überwunden:

$$H_{k\ max} = a' + 13{,}6b' \qquad (cm) \qquad (9.14)$$

a' und b' = Lesungen im Augenblick des Luftdurchtritts in cm.

13,6 = Spezifisches Gewicht des Quecksilbers in g/cm^3.

Lösung

Die Meßergebnisse des Versuches sind in dem Formular zur Bestimmung der kapillaren Steighöhe, Abb.9.4, eingetragen und ausgewertet. Die kapillare Steighöhe beträgt:

$$H_{k\ max} = 63 \text{ cm}$$

Das Porenvolumen ist n = 40 % und die Porenziffer ε = 0,67.

Ergebnisse

Bei Sanden beträgt die kapillare Steighöhe $H_{k\ max}$ je nach der Kornverteilung von 10 cm bis 100 cm. Der unter-

Kapillare Steighöhe

Bodenprobe schluffiger Sand *Versuch Nr.* 1

Apparat Nr. G-2

Entnahmestelle UDO *Datum* 27.1.70

Bohrung Nr. 1 *Bearbeiter*

Proben Nr. 1

Probengewicht		*Probenvolumen*	
Gew. d. Behälters + trockener Boden in g	402,5	*Länge d. Probe in cm*	9,0
Gew. d. Behälters in g	174,4	*Vol. d. Probe in cm³*	141,7
Gew. d. trockenen Bodens in g	228,1	*Vol. d. Feststoffe in cm³*	85,1

Spez. Gew. γ_s = 2,68 t/m³ | *Porenvolumen n* = 40 % | *Porenziffer* ε = 0,67

Zeit		*Höhenlage in cm*			*Temperatur*
Std.	*Min.*	*a*	*b*	*a + 13,6·b*	*°C*
14	00	15	0	15	24,2
	05	15	1	28,6	
	10	15	2	42,2	
	15	15	3	55,8	
	20	15	3,5	62,6	24,2

Kapillare Steighöhe $H_{k\,max}$ = 63 cm

Abb. 9.4 Formular zur Bestimmung der kapillaren Steighöhe.

suchte Sand kann nur geringe Beimengungen von Schluff enthalten, da sonst die kapillare Steighöhe $H_{k\ max}$ wesentlich größer ausfallen müßte.

In Sanden mit großen Schluffbeimengungen kann die kapillare Steighöhe $H_{k\ max}$ bis zu 300 cm betragen. In reinen Schluffen steigen die Werte oft auf 10 m an und erreichen in besonderen Fällen Größenordnungen bis zu 30 m. Tab.9.1 gibt einen Überblick über die kapillaren Steighöhen der hauptsächlichen Bodenarten.

Die kapillare Steighöhe $H_{k\ max}$ ist bei vielen bautechnischen Aufgaben von großer Bedeutung. Bei der Berechnung von Böschungen ist das Raumgewicht des wassergesättigten Bodens bis zur Höhe $H_{k\ max}$ über den höchsten Stand des Grundwasserspiegels bzw. der Sickerlinie einzusetzen. Gleiches gilt auch für die Berechnung von Stützwänden und Baugrubenaussteifungen.

Besondere Bedeutung gewinnt die kapillare Steighöhe bei der Beurteilung der Frostgefährlichkeit von Böden. Um Frosthebungen zu vermeiden, muß der kapillare Anstieg des Wassers bis in die Gefrierzone unterbunden werden. Die Aufgabe 29 gibt ein Beispiel für die frostsichere Ausbildung einer Straße durch den Einbau einer frostbrechenden Schicht.

Aufschüttungen aus feinkörnigen Böden sind infolge der großen kapillaren Steighöhe stark rutschgefährdet und müssen durch die Anordnung von Drainschichten gesichert werden.

Die Zahl der Anwendungsbeispiele zeigt, wie wichtig und wertvoll der relativ einfache Versuch zur Bestimmung der kapillaren Steighöhe in der Praxis ist. Er ist unerläßlich, damit Schäden vermieden und wirtschaftliche Baumaßnahmen ergriffen werden können.

Aufgabe 29 Kapillare Steighöhe und Frostgefährlichkeit

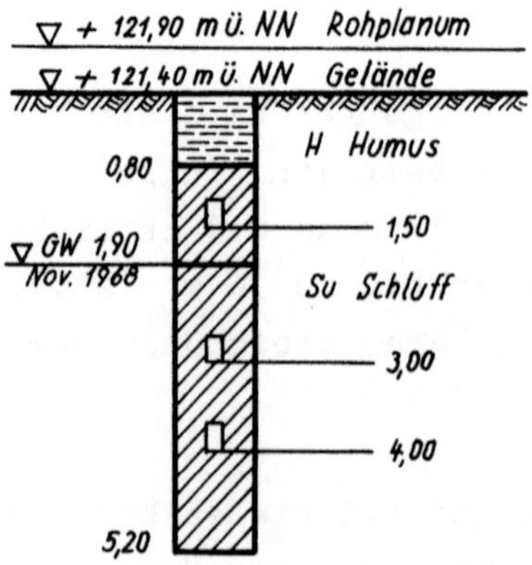

Abb.9.5a Schichtenverzeichnis einer Bohrung in der Trasse einer Autobahnneubaustrecke.

In der Trasse einer Autobahnneubaustrecke wurden umfangreiche Bodenuntersuchungen durchgeführt, um die Untergrundverhältnisse zu klären.

Abb.9.5a zeigt ein repräsentatives Schichtenverzeichnis des Untergrundes, das zur Bestimmung der Frostschutzmaßnahmen verwendet wurde.

Als Erdmaterial für die Herstellung der Dämme und des Rohplanums steht ein leicht schluffiger Sand mit einer kapillaren Steighöhe von $H_{k\ max}$ = 30 cm zur Verfügung. Der Schluff hat eine kapillare Steighöhe $H_{k\ max}$ = 1,60 m. Die Gefrierzone ist mit 1,20 m anzunehmen. Decke und Tragschichten haben eine Stärke von 30 cm.

Welche Baumaßnahmen sind zu ergreifen, um Frostschäden an der Straße zu vermeiden?

Lösung

In Abb. 9.5b ist die Anordnung der einzelnen Schichten dargestellt, die eine frostsichere Ausbildung garantieren.

Nachdem die Humusschicht abgeräumt ist, wird das Gelände bis 20 cm unter dem vorgesehenen Rohplanum mit dem verfügbaren schluffigen Sand aufgefüllt. Die fehlenden 20 cm bis zum Rohplanum werden aus Kies oder Hochofenschlacke geschüttet und verdichtet.

Wie aus Abb.9.5b ersichtlich ist, liegt die kapillare

Steighöhe $H_{k\ max}$ der Aufschüttung 10 cm unter der Gefrierzone. Geht man davon aus, daß der Sicherheitsabstand vom Niveau der kapillaren Steighöhe $H_{k\ max}$ bis zur Unterkante der Gefrierzone mindestens:

$$\Delta h = H_{k\ max} \cdot 1{,}5 - H_{k\ max} \quad \text{(cm)} \qquad (9.15)$$

oder:

$$\Delta h = 0{,}5 \cdot H_{k\ max} \quad \text{(cm)} \qquad (9.16)$$

ist, so müßte der Sicherheitsabstand Δh = 15 cm betragen. Da er in Wirklichkeit aber nur 10 cm beträgt, wird die obige Forderung nicht ganz erfüllt. In dem gewählten Beispiel wird jedoch auf einen weiteren Abtrag des vorhandenen Schluffes verzichtet, da in der zugrunde gelegten Gefrierzone von 1,20 m bereits eine hinreichende Sicherheit eingerechnet ist.

In Deutschland werden die Gefrierzonen oder auch Frosttiefen im allgemeinen wesentlich kleiner angenommen. Tab. 9.2 gibt einen Überblick über die Mindesttiefen des Erdplanums unter der Fahrbahnoberkante. Die größte Tiefe wird dort mit 70 cm angegeben, wenn der Anteil der Körnungen $< 0{,}02$ mm an der Gesamtprobe > 10 % ist. Siehe auch Abb.8.16: Frostkriterium nach SCHAIBLE (1957).

Ergebnisse

Die Werte der Tab.9.2 sind nicht in allen Fällen direkt anwendbar. Selbst in Deutschland können an Nordhängen und an besonders feuchten und kalten Stellen größere Frosttiefen auftreten.

In jedem Falle ist der Ingenieur verpflichtet, zu prüfen, welche Frosttiefen zu erwarten sind und in welchem Verhältnis sie zur kapillaren Steighöhe des Untergrundes stehen.

Die kapillare Steighöhe hat jedoch nicht nur große Bedeutung bei der Beurteilung der Frostgefährlichkeit, sie muß insbesondere auch sorgfältig ermittelt und beurteilt werden, wenn allgemeine Erdbauten, Straßen und Flugplatz-

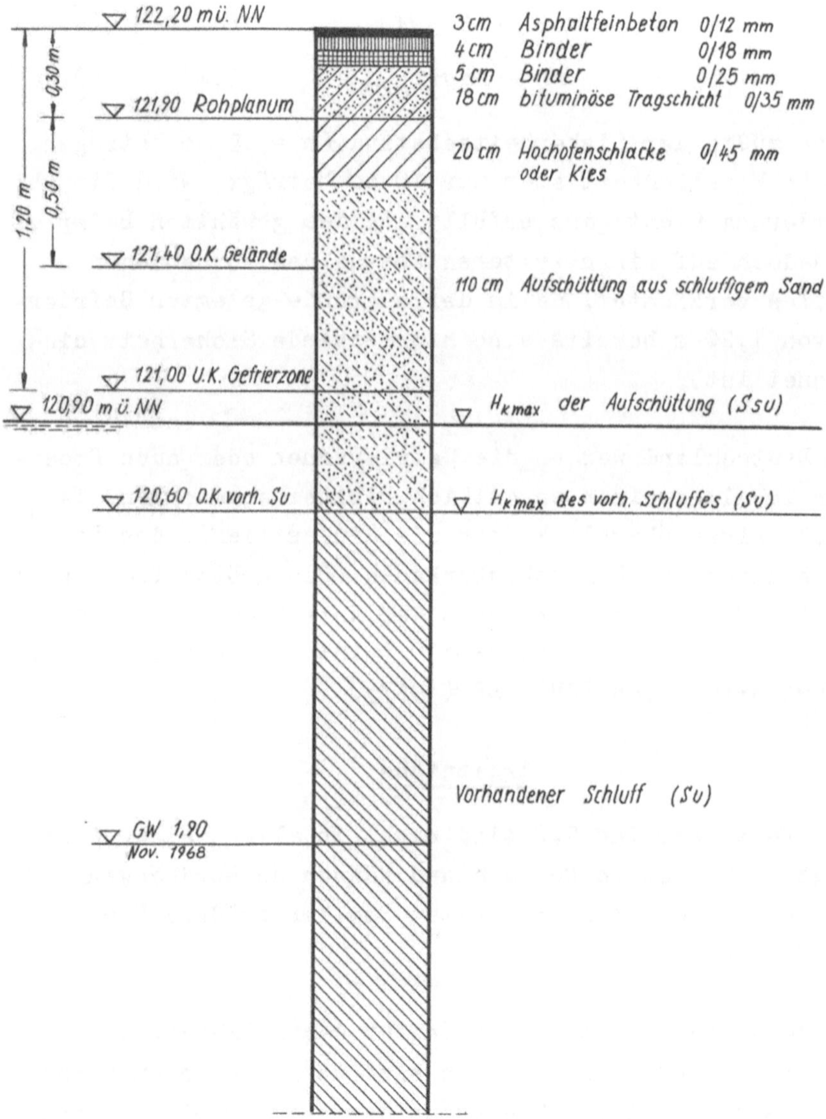

Abb.9.5 b Anordnung von Straßendecke, Tragschichten und Frostschutzschichten einer Autobahnneubaustrecke.

bauten in Gebieten mit hohem Grundwasserspiegel und auf Böden mit hohem Schluffanteil ausgeführt werden müssen. Die höhere Plastizität eines Bodens im Bereich der kapillaren Steighöhe verringert die Tragfähigkeit mancher Böden so stark, daß es zur völligen Zerstörung eines Dammes unter der Last des Straßenverkehrs oder unter der Last der landenden und startenden Flugzeuge bei Flugpisten kommen kann.

Aufgabe 30 Ermittlung des Kapillardrucks

Aus Bohrungen, Bodenuntersuchungen im Gelände und im Laboratorium wurden das in Abb.9.6 dargestellte Schichtenverzeichnis und die angegebenen Bodenkennziffern ermittelt.

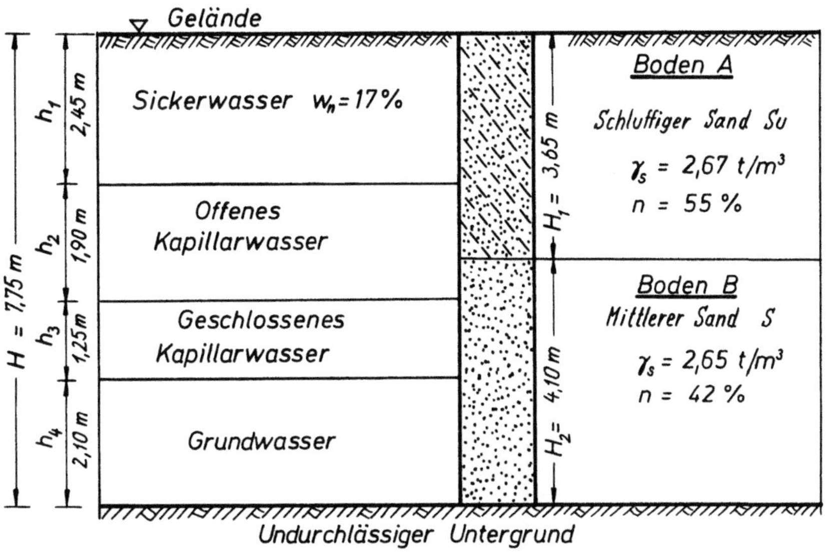

Abb.9.6 Schichtenverzeichnis mit Angabe der verschiedenen Zonen des Kapillarwassers.

Welche zusätzliche Bodenbelastung ergibt sich aus dem Kapillardruck des Wassers?

Grundlagen

Die Kapillarkräfte des Wassers wirken im Wasser als Zug und im Boden als zusätzliche Druckbelastung. Die Bodenpressungen aus dem reinen Gewicht des Bodens werden also um den Kapillardruck erhöht. Im Bereich des geschlossenen Kapillarwassers ist der Kapillardruck:

$$p_k = \gamma_w \cdot H_k \qquad (g/cm^2) \qquad (9.17)$$

γ_w = Raumgewicht des Wassers in g/cm^3.

H_k = Kapillare Steighöhe in cm.

Im Bereich des offenen Kapillarwassers ist die Gl.(9.17) nicht anwendbar. Die Kapillarkräfte sind im Bereich des offenen Kapillarwassers kleiner, denn die Poren des Bodens sind nicht völlig mit Wasser gefüllt.

Könnte man im Bereich des offenen Kapillarwassers das vorhandene Wasservolumen im unteren Teil dieser Zone konzentrieren, so daß dieser Teil mit Wasser gesättigt wäre und der restliche Teil vollkommen trocken wäre, so ergäbe sich eine ideelle Steighöhe H_i, für die die Gl.(9.17) anwendbar wäre:

$$p_k = \gamma_w \cdot H_i \qquad (g/cm^2) \qquad (9.18)$$

Zwischen der Höhe H_i des offenen Kapillarwassers, den Sättigungsgraden der Böden über und unter dem offenen Kapillarwasser und der Höhe H' besteht angenähert folgender Zusammenhang (Abb.9.7):

$$H_i = \frac{1 + s_w'}{2} \cdot H' \qquad (cm) \qquad (9.19)$$

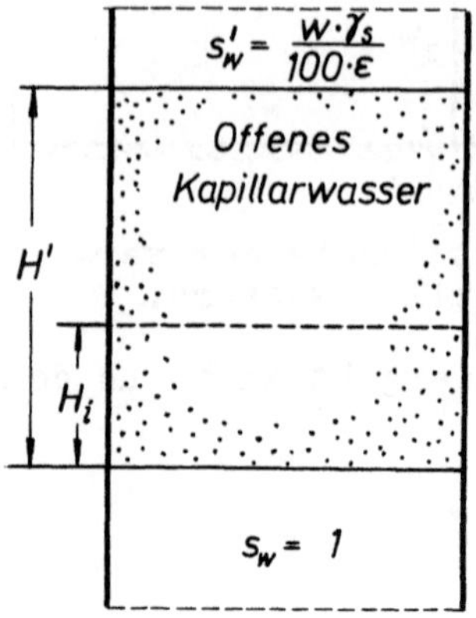

Abb.9.7 Sättigungsgrad und ideelle Höhe H_i im Bereich des offenen Kapillarwassers.

Wäre zum Beispiel der Boden über dem offenen Kapillarwasser völlig trocken, so wäre $H_i = 0{,}5 \cdot H'$. Wäre er wassergesättigt, so wäre $H_i = H'$. Gl.(9.19) in Gl. (9.18) eingesetzt, ergibt:

$$p_k' = \gamma_w \cdot \frac{1 + s_w'}{2} \cdot H' \qquad (9.20)$$

s_w = Sättigungsgrad des Bodens über dem offenen Kapillarwasser

γ_w = Raumgewicht des Wassers in g/cm^3

H' = Höhe der Zone des offenen Kapillarwassers in cm

Der Kapillardruck ist nach TERZAGHI auch für das bodenphysikalische Phänomen der scheinbaren Kohäsion verantwortlich. Die scheinbare Kohäsion kann zu einer erheblichen Steigerung der Bodenfestigkeit führen. Wird jedoch der Boden völlig unter Wasser getaucht, so geht die scheinbare Kohäsion vollkommen verloren.

Lösung

Man ermittelt zunächst den Verlauf der Bodenpressungen ohne Berücksichtigung des Kapillardrucks. Für den Boden A mit einem natürlichen Wassergehalt von w_n = 17 % erhält man nach Abb.5.2:

$$\frac{\gamma}{\gamma_s} = 0{,}52 \text{ und } \gamma = 2{,}67 \cdot 0{,}52 = 1{,}39 \text{ t/m}^3$$

Im Bereich des offenen Kapillarwassers nimmt der Wassergehalt annähernd linear von unten nach oben ab. Der maximale Wassergehalt des Bodens B ist nach Gl.(5.12):

$$w_{max} = \frac{n}{\gamma_s} \cdot \frac{100}{100-n} \quad (\%)$$

$$w_{max} = \frac{42}{2{,}65} \cdot \frac{100}{58} = 27 \ \%$$

Beim Übergang vom Boden A zum Boden B ist daher nach Abb.9.8 der Wassergehalt angenähert:

$$w = 17 + 10 \cdot \frac{1{,}20}{1{,}90} = 23 \ \%$$

Das mittlere Raumgewicht des Bodens A im Bereich des offenen Kapillarwassers ist bei einem mittleren Wassergehalt von:

$$w = \frac{17+23}{2} = 20 \ \%$$

nach Abb.5.2:

$$\gamma = 0{,}54 \cdot 2{,}67 = 1{,}44 \text{ t/m}^3$$

Das mittlere Raumgewicht des Bodens B im Bereich des offenen Kapillarwassers ist bei einem mittleren Wassergehalt von:

$$w = \frac{23 + 27}{2} = 25\,\%$$

nach Abb.5.2:

$$\gamma = 0{,}72 \cdot 2{,}65 = 1{,}91 \ t/m^3$$

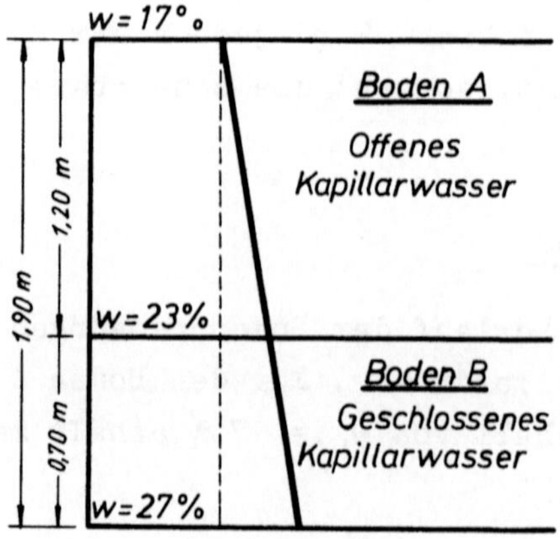

Abb.9.8 Verteilung der Wassergehalte im Bereich des offenen Kapillarwassers.

Das Raumgewicht des Bodens B im Bereich des geschlossenen Kapillarwassers ist nach Abb.5.2 bei einem maximalen Wassergehalt $w_{max} = 27\,\%$:

$$\gamma_g = 0{,}74 \cdot 2{,}65 = 1{,}96 \ t/m^3$$

Das Raumgewicht des Bodens B unter Wasser ist:

$$\gamma_a = 1{,}96 - 1{,}00 = 0{,}96 \ t/m^3$$

In Abb.9.9 sind die verschiedenen Raumgewichte für die Berechnung der Bodendrücke übersichtlich zusammengestellt. Die Bodendrücke aus den Raumgewichten der Abb.9.9 sind in der Abb.9.10 ermittelt, indem die Raumgewichte jeder Zone mit der Höhe der Zone multipliziert und die Ergebnisse nacheinander addiert wurden.

Die Kapillardrücke sind zu den Bodendrücken der Abb.9.10 zu addieren. Im Punkt b ist der Kapillardruck gleich Null. Im Punkt c ist der Kapillardruck:

$$p_k = \gamma_w \cdot H_k = 1{,}25 \ t/m^2$$

Im Punkt e ist der partielle Kapillardruck nach Gl.(9.20)

$$p_k = \gamma_w \cdot \frac{1 + s_w'}{2} \cdot H_k'$$

$$s_w' = \frac{17 \cdot 2{,}67}{100 \cdot 1{,}22} = 0{,}37$$

$$\varepsilon = \frac{n}{100-n} = \frac{55}{45} = 1{,}22$$

$$p_k' = \frac{1{,}37}{2} \cdot 1{,}90 = 1{,}30 \ t/m^2$$

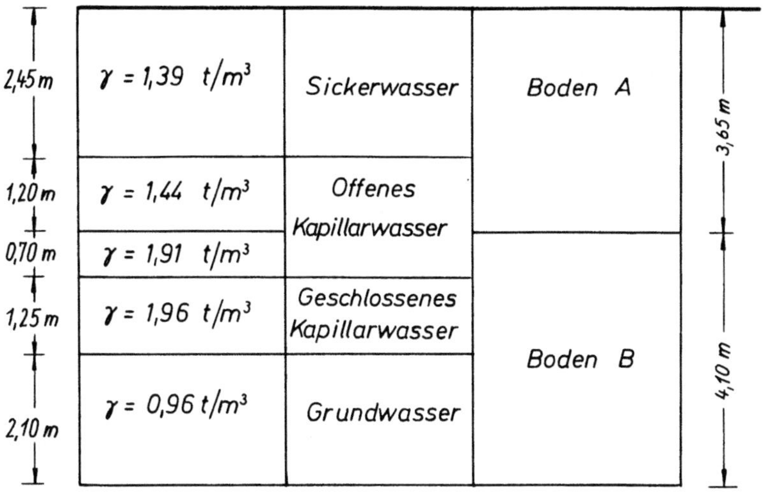

Abb.9.9 Zonen unterschiedlicher Raumgewichte.

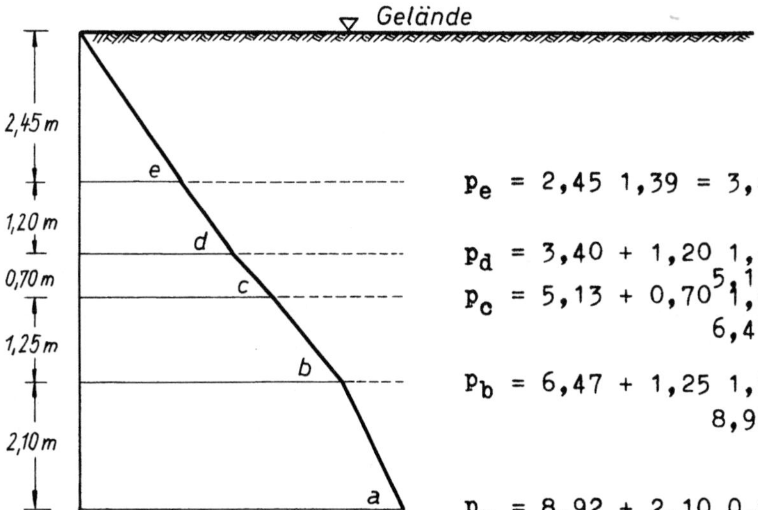

p_e = 2,45 1,39 = 3,40 t/m³

p_d = 3,40 + 1,20 1,44 = 5,13 t/m³

p_c = 5,13 + 0,70 1,91 = 6,47 t/m³

p_b = 6,47 + 1,25 1,96 = 8,92 t/m³

p_a = 8,92 + 2,10 0,96 = 10,93 t/m³

Abb. 9.10 Verteilung der Bodendrücke ohne Berücksichtigung des Kapillardruckes.

Der gesamte Kapillardruck im Punkt e ist:

$$p_k = 1,25 + 1,30 = 2,55 \ t/m^2$$

Abb.9.11 zeigt den Einfluß des Kapillardruckes auf die Bodenbelastung.

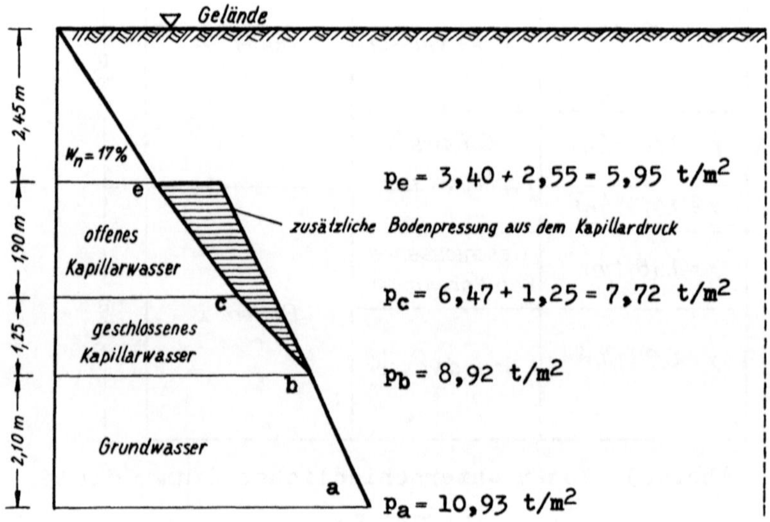

Abb.9.11 Einfluß des Kapillardruckes auf die Bodenbelastung.

Ergebnisse

Die Berechnung zeigt, daß die Bodenbelastung aus dem maximalen Kapillardruck die gleiche Größenordnung hat wie die Bodenbelastung aus dem Gewicht des Bodens im Niveau des maximalen Kapillardruckes. Der Kapillardruck ist also eine Belastungskomponente, die nicht ohne weiteres vernachlässigt werden kann, wie es in der Praxis oft geschieht. In dem vorliegenden Beispiel beträgt der maximale Kapillardruck p_k = 0,25 kg/cm².

Bei bindigen Böden mit großer kapillarer Steighöhe liegen die Kapillardrücke zwischen 2 und 4 kg/cm². Bei fetten Tonen können sie mehr als 15 kg/cm² erreichen.

In jedem Falle ist es in der Praxis wirtschaftlicher,

den Kapillardruck durch horizontale und vertikale Filterschichten abzumindern, als Stützkonstruktionen, wie Spundwände und Stützmauern, für diese zusätzliche Belastung zu dimensionieren. Ist es aber in bestimmten Fällen nicht möglich, Filterschichten vorzusehen, oder besteht die Gefahr, daß die Filter mit der Zeit verschmutzen und unwirksam werden, so ist der Einfluß des Kapillardruckes sorgfältig zu berücksichtigen.

9.2 Berechnungstafeln und Zahlenwerte

Bodenart	Korngröße mm	H_k max
Sand........	2,0 - 0,6 0,6 - 0,2 0,2 - 0,1 0,1 - 0,06	3 - 10 cm 10 - 30 cm 30 - 60 cm 60 - 100 cm
Schluff.....	0,06 - 0,02 0,02 - 0,006 0,006 - 0,002	1 - 3 m 3 - 10 m 10 - 30 m
Ton.........	0,002	30 - 300 m

Tabelle 9.1 Kapillare Steighöhen $H_{k\,max}$ der hauptsächlichen Bodenarten.

Kornaufbau des Untergrundes			Mindesttiefe des Erdplanums unter Fahrbahnoberkante(cm)		
maßgebender Kornanteil			auf trockenem Untergrund		auf nassem Untergrund
der Gesamtprobe < 0,02mm	des Bodenmörtels < 2mm		Dämme > 2m	Dämme < 2m und Einschnitte	
	<0,02mm	< 0,1 mm			
0 - 3%	---	---	---	----	---
3 - 6%	< 10%	< 20%	---	----	60
6 -10%	< 15%	< 30%	50	60	60
> 10%	> 15%	> 30%	60	70	70

Tabelle 9.2 Bemessung der Dicke von Frostschutzschichten (ZTVE - St B 59).

9.3 Literatur

BUCKINGHAM (1907) Studies on movement of soil moisture. US Bur.Chem. and Soils Bull., 38.

TERZAGHI (1925) Erdbaumechanik. Leipzig/Wien, S.131.

FREUNDLICH (1926) Colloid and capillary chemistry. Methuen and Co.Ltd. London.

BESKOW (1930) Om jordarternas kapillaritet. En ny metod för betsämning av kapillär kroften. Sverig.Geol.Undersök.Ser.C, Nr.356, Stockholm.

ENDELL/LOOS/BRETH (1939) Zusammenhang zwischen kolloidchemischen sowie bodenphysikalischen Kennziffern bindiger Böden und Frostwirkung. Forsch.Arb.Straßenwesen 16, S.31.

BERNATZIK (1947) Baugrund und Physik. Zürich, S.25,69 und 253.

KERYNINE (1948) Analysis of latest american tests on soil capillarity. Proc.II.Int.Conf.Soil Mech.Found.Eng. Rotterdam, Bd.III, S.100.

RUCKLI (1950) Der Frost im Baugrund. Springer-Verlag Wien, S.279.

LAMBE (1950) Capillary Phenomena in cohesionless soil. Seperate No.4, Am.Soc.Civ.Eng., Jan.1950.

LAMBE (1951) Soil testing for engineers. Wiley & Sons New York.

CRONEY (1952) The movement and distribution of water in soils. Géotechnique 3, S.1.

PELTIER (1953) Mesure des charactéristiques capillaires des sols au laboratoire central des ponts et chaussées. Proc.III.Int.Conf.Soil Mech.Found.Eng. Zürich, Bd.I, S.173.

MANEGOLD (1955/60) Kapillarsysteme. Heidelberg, Bd.1 und 2.

KAHL/NEUBER (1957) Beschreibung und Auswertung von Versuchen zur Feststellung der scheinbaren Kohäsion von erdfeuchten Sandböden. Fortschr. u. Forsch. im Bauwesen, Reihe D, H.28.

KEZDI (1959) Bodenmechanik I. Akadémiai Kiadó Budapest, S. 222.

ZTVE - StB 59 (1959) Zusätzliche technische Vorschriften und Richtlinien für Erdarbeiten im Straßenbau. Bundesministerium für Verkehr.

Fg Stw. (1962) Merkblatt über Hochofenschlacke für Straßenuntergrund, Unterbau und Frostschutz. Forsch. f. Straßenwesen Köln.

BMV 3.A (1962) Richtlinien für die Verhütung von Frostschäden. Bundesministerium für Verkehr.

KUTZNER (1963) Betrachtungen über die Größe der Kapillarkohäsion feuchter Sande. Bautechnik 40, S.354.

LECHER (1964) Kapillarität und Sickerströmung in ungesättigten nichtbindigen Böden. Mitt. Versuchsanstalt Wasserbau u. Erdbau ETH Zürich, Nr.63.

SCHULTZE/MUHS (1967) Bodenuntersuchungen für Ingenieurbauten, 2. Aufl. Springer-Verlag Berlin-Heidelberg-New York.

10. Durchlässigkeit von Böden

10.1 Aufgaben

Aufgabe 31 Bestimmung des Durchlässigkeitsbeiwertes bei konstanter Druckhöhe

Für einen schluffigen Sand wurde ein Durchlässigkeitsversuch bei konstanter Druckhöhe durchgeführt. Die Höhe der Probe betrug 25 cm und ihr Querschnitt 28 cm^2. Bei einer Druckhöhe von 50 cm betrug die Durchflußmenge 235 cm^3 in 114 Sekunden. Die Porenziffer war $\varepsilon = 0{,}511$.

Bestimme:

a) den Durchlässigkeitsbeiwert k,

b) die Fließgeschwindigkeit des Wassers im Boden,

c) die Fließgeschwindigkeit des Wassers vor dem Eintritt in die Bodenprobe.

Grundlagen

DARCY (1856) hat experimentell nachgewiesen, daß der Fließvorgang von Wasser im Boden durch die Gleichung:

$$Q = k \cdot i \cdot F \qquad (m^3/s) \qquad (10.1)$$

erfaßt werden kann. In der Gl.(10.1) bedeuten:

k = Durchlässigkeitsbeiwert in m/s

i = Hydraulischer Gradient

F = Querschnittsfläche der durchströmten Probe in m^2

Q = Durchflußmenge in m^3/s

Aus der Gl.(10.1) läßt sich die Durchflußgeschwindigkeit ermitteln, denn:

$$Q/F = v = k \cdot i \qquad (m/s) \qquad (10.2)$$

In den Gl.(10.1) und (10.2) bedeutet F die Querschnittsfläche der gesamten Probe. Mit der Querschnittsfläche F, die in Abb.10.1 als F_a bezeichnet ist, läßt sich also die Fließgeschwindigkeit des Wassers vor dem Eintritt in die Probe ermitteln. Sie kann nicht zur Bestimmung der Fließgeschwindigkeit des Wassers im Boden verwendet werden.

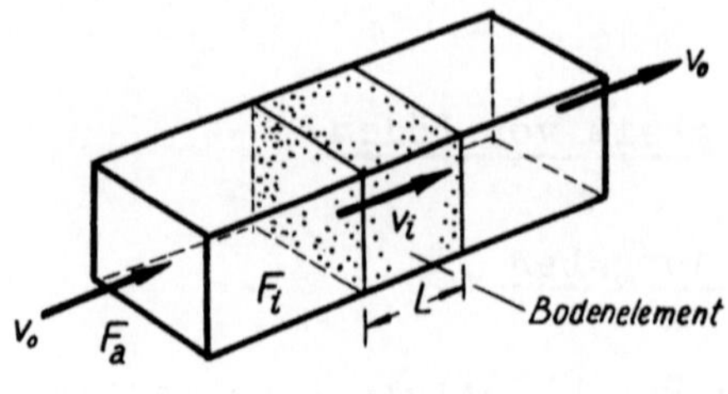

Abb.10.1 Durchströmtes Bodenelement.

Bezeichnet man die im Boden von den Poren gebildete Oberfläche mit F_i, so ist das Porenvolumen mit Gl.(2.1):

$$n = \frac{V_o}{V} \cdot 100 \qquad (\%)$$

oder mit der Länge L der durchflossenen Probe:

$$n = \frac{L \cdot F_i}{L \cdot F_a} \cdot 100 = \frac{F_i}{F_a} \cdot 100 \qquad (\%) \qquad (10.3)$$

Die Gl.(10.3) in die Gl.(10.2) eingesetzt, ergibt einen Ausdruck für die Fließgeschwindigkeit des Wassers im Boden:

$$v_i = \frac{Q}{F_i} = \frac{Q}{F_a} \cdot \frac{100}{n} \qquad (m/s) \qquad (10.4)$$

n = Porenvolumen in %

Q = Durchflußmenge in m^3/s

F_a = Gesamtquerschnitt der Probe in m^2

v_i = Fließgeschwindigkeit des Wassers im Boden in m/s

Da der Faktor 100/n in der Gl.(10.4) immer größer ist als 1, ist die Fließgeschwindigkeit im Boden stets größer als an der Eintrittsfläche oder Austrittsfläche F_a.

Der Durchlässigkeitsbeiwert ist nach Gl.(10.1):

$$k = \frac{Q}{i \cdot F} \quad \text{(m/s)} \qquad (10.5)$$

Mit dem hydraulischen Gradienten:

$$i = \frac{h_w}{L} \qquad (10.6)$$

ergibt sich:

$$k = \frac{Q \cdot L}{h_w \cdot F} \quad \text{(m/s)} \qquad (10.7)$$

k = Durchlässigkeitsbeiwert in m/s
Q = Durchflußmenge in m^3/s
h_w = Druckhöhe in m
F = Gesamte Querschnittsfläche der Probe in m^2

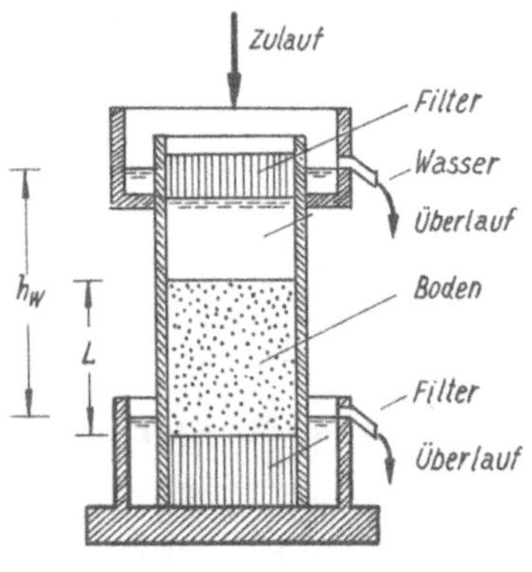

Abb.10.2 Schema der Versuchseinrichtung zur Bestimmung von k-Werten bei konstanter Druckhöhe.

Die konstante Druckhöhe wird durch eine Versuchseinrichtung eingehalten, deren Wirkungsweise in Abb.10.2 dargestellt ist.

Lösung

Die Durchflußmenge ist:

$$Q = \frac{235}{114} = 2{,}06 \quad \text{cm}^3/\text{s}$$

Der Durchlässigkeitsbeiwert ist nach Gl.(10.7):

$$k = \frac{2{,}06 \cdot 25}{50 \cdot 28} = 0{,}04 \text{ cm/s} = 0{,}4 \cdot 10^{-3} \text{ m/s}$$

Die Fließgeschwindigkeit des Wassers in der Bodenprobe wird nach der Gl.(10.4) ermittelt:

$$v = \frac{Q}{F_a} \cdot \frac{100}{n}$$

Nach der Gl.(2.18) ist:

$$n = \frac{\varepsilon}{1+\varepsilon} \cdot 100 = \frac{0{,}511}{1{,}511} \cdot 100 = 34\,\%$$

Somit ist:

$$v_i = \frac{2{,}06}{28} \cdot \frac{100}{34} = 0{,}22\ cm/s$$

An der Oberfläche der Bodenprobe beträgt die Fließgeschwindigkeit:

$$v_a = \frac{2{,}06}{28} = 0{,}07\,cm/s$$

Ergebnisse

Die Durchlässigkeitsbeiwerte von Sanden schwanken zwischen k = 10^{-3} m/s und 10^{-6} m/s. Die Tab.10.2 gibt einen Überblick über die Durchlässigkeitsbeiwerte der hauptsächlichen Bodenarten. Der untersuchte Boden hat mit dem relativ großen Durchlässigkeitsbeiwert von k = $0{,}4 \cdot 10^{-3}$ m/s ein grobes Korngefüge. Die Geschwindigkeit des Wassers im Boden beträgt während des Versuches v_i = 2,2 mm/s. Die Fließgeschwindigkeiten im Versuchsgerät sind wesentlich größer als die Fließgeschwindigkeiten des Grundwassers.

Tab.10.2 gibt einen Überblick über die Fließgeschwindigkeiten des natürlichen Grundwassers. Sie beträgt bei Sanden zwischen 0,1 mm/Tag und 200 mm/Tag, ist also sehr viel kleiner als in der Bodenprobe während des Versuches.

Diese Geschwindigkeitsunterschiede haben solange keinen Einfluß auf den k-Wert, solange die Strömung in den Poren laminar ist. Im allgemeinen sind die Porendurchmesser und die hydraulischen Gradienten der Böden in der Natur und im Versuch so klein, daß die Grenze zwischen laminarer und turbulenter Strömung nicht überschritten wird.

Nach REYNOLDS herrscht laminare Strömung, wenn:

$$Re = \frac{v \cdot D}{\nu} = \frac{v \cdot D \cdot \gamma_w}{\mu \cdot g} \qquad (10.8)$$

Re	=	Reynoldssche Zahl für laminare Strömungen in kreisförmigen Rohren (Re < 2 320)
v	=	Fließgeschwindigkeit in cm/s
D	=	Rohrdurchmesser in cm
γ	=	Spezifisches Gewicht des Wassers in g/cm^3
ν	=	$\mu g/\gamma_w$ = kinematische Zähigkeit in cm^2/s. Für eine Wassertemperatur von 10°C ist ν = 0,0131 cm^2/s
μ	=	Dynamische Zähigkeit in g s/cm^2. Für eine Wassertemperatur von 10°C ist nach Tab.8.6 μ = 13,10 Millipoise oder 0,0131/980,7 g·s/cm^2
g	=	Erdbeschleunigung in cm/s^2

Als Grenze für die laminare Sickerströmung in Böden hat DACHLER (1936) die Reynoldssche Zahl:

$$Re'' = \frac{v \cdot d}{\nu} \qquad (10.9)$$

angegeben. In der Gl.(10.9) bedeuten:

Re''	=	Reynoldssche Zahl für Sickerströmungen. Für laminare Sickerströmung gilt Re'' < 50
v	=	Fließgeschwindigkeit in cm/s
ν	=	Kinematische Zähigkeit in cm^2/s
d	=	Maßgebender Korndurchmesser in cm

In groben Kiesen und Geröllen kann die Grenze zwischen laminarer und turbulenter Sickerströmung in ungünstigen Fällen überschritten werden. Beträgt zum Beispiel die Strömungsgeschwindigkeit v = 1 cm/s und die Wassertemperatur 10°C, so wird die Grenze zwischen laminarer und turbulenter Sickerströmung überschritten, wenn der maßgebende Korndurchmesser d > 6,5 mm ist. Wählt man als maßgebenden Korndurchmesser den wirksamen Korndurchmesser d_{10}, so entspricht das der typischen Kornverteilungskurve eines groben Kieses und Gerölles.

Abb.10.12 und Abb.10.13 geben die Ergebnisse der Untersuchungen von OHDE und BURMISTER über die Gültigkeit des

Gesetzes von DARCY wieder.

Abb.10.14 und Abb.10.15 zeigen die Abhängigkeit der Filtergeschwindigkeit grobkörniger Materialien vom hydraulischen Gradienten nach Versuchen von LEUSSINK (1957) und KEZDI (1959).

Aufgabe 32 Bestimmung des Durchlässigkeitsbeiwertes bei veränderlicher Druckhöhe

In einem Versuch zur Bestimmung des Durchlässigkeitsbeiwertes bei veränderlicher Druckhöhe wurden folgende Daten ermittelt:

Nr.	Länge der Probe in cm	Temperatur in °C	Zeit für die Änderung der Druckhöhe h_0 bis h_1 (s)
1	20,0 20,0	25,4 25,4	98 99
2	19,4 19,4	25,4 27,1	127 129
3	18,5 18,5	27,1 27,1	197 198 1/2
4	18,0 18,0	26,9 26,9	231 232

Tabelle 10.1 Meßergebnisse eines Durchlässigkeitsversuches mit veränderlicher Druckhöhe.

Die weiteren erforderlichen Bodenkennziffern sind in der Abb.10.4, Formular zur Bestimmung des Durchlässigkeitsbeiwertes bei veränderlicher Druckhöhe, angegeben.

Welches Verhältnis hat der Durchlässigkeitsbeiwert k zur Porenziffer ε ?

Grundlagen

Abb.10.3 zeigt schematisch die Wirkungsweise eines Gerätes zur Bestimmung des Durchlässigkeitsbeiwertes k bei ver-

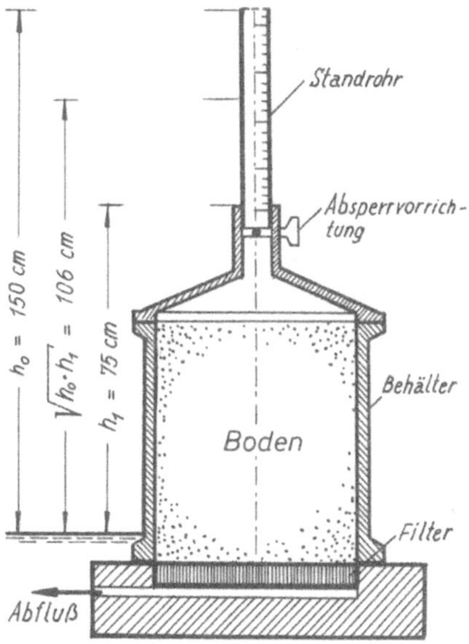

Abb.10.3 Schema der Versuchseinrichtung zur Bestimmung von k-Werten bei veränderlicher Druckhöhe.

änderlicher Druckhöhe. Bei Beginn des Versuches ist der Boden völlig mit destilliertem Wasser zu sättigen und das Standrohr bis zur Höhe h_0 mit destilliertem Wasser zu füllen.

Die Absperrvorrichtung wird geöffnet und die Zeit gemessen, die das Wasser braucht, um von h_0 auf $\sqrt{h_0 \cdot h_1}$ und von h_0 auf h_1 abzusinken.

Wenn die Zeit für das Absinken von h_0 auf $\sqrt{h_0 \cdot h_1}$ nicht mehr als 2 % von der Zeit für das Absinken von $\sqrt{h_0 \cdot h_1}$ auf h_1 abweicht, ist die bestmögliche Gewähr dafür gegeben, daß die Probe vor Beginn des Versuches wirklich wassergesättigt war. Weitere Einzelheiten zur Versuchsdurchführung geben unter anderen LAMBE (1951) und SCHULTZE/MUHS (1967).

Wenn h den Weg bezeichnet, den ein Wasserteilchen zurücklegt, und t die dazu benötigte Zeit, so ist die Geschwindigkeit des Wasserteilchens:

$$v = -\frac{dh}{dt} \qquad \text{(cm/s)} \qquad (10.10)$$

Das negative Vorzeichen drückt aus, daß sich die Geschwindigkeit verringert, wenn die Zeit zunimmt. Die Wassermenge, die das Standrohr durchfließt, ist somit:

$$Q = (-)\, f \cdot \frac{dh}{dt} \qquad (\text{cm}^3/\text{s}) \qquad (10.11)$$

f = Querschnittsfläche des Wassers im Standrohr in cm^2.

An der Oberfläche der Probe ist die Geschwindigkeit des Wassers:

$$v_a = \frac{Q}{F} = k \cdot i \qquad \text{(cm/s)} \qquad (10.12)$$

F = Querschnittsfläche der Bodenprobe in cm^2.

Die Gl.(10.12) in die Gl.(10.11) eingesetzt, ergibt:

$$-f \cdot \frac{dh}{dt} = k \cdot i \cdot F = k \cdot \frac{h}{L} \cdot F \qquad (10.13)$$

$$-f \cdot \int_{h_0}^{h_1} \frac{dh}{h} = k \cdot \frac{F}{L} \cdot \int_0^{t_1} dt \qquad (10.14)$$

Durch Integration der Gl.(10.14) auf beiden Seiten ergibt sich:

$$-f \cdot (\ln h_1 - \ln h_0) = k \cdot \frac{F}{L} \cdot t \qquad (10.15)$$

und daraus der Durchlässigkeitsbeiwert:

$$k = 2{,}3 \cdot \frac{f \cdot L}{F \cdot t_1} \cdot \log \frac{h_0}{h_1} \qquad \text{(cm/s)} \qquad (10.16)$$

k = Durchlässigkeitsbeiwert in cm/s

f = Querschnittsfläche des Wassers im Standrohr in cm^2

F = Querschnittsfläche der Bodenprobe in cm^2

t_1 = Zeit für die Änderung der Druckhöhe von h_0 auf h_1 in Sekunden

L = Länge der Bodenprobe in cm

h_0 = Druckhöhe zur Zeit t = 0 in cm

h_1 = Druckhöhe zur Zeit $t = t_1$ in cm

Die Durchlässigkeitsbeiwerte werden für eine Wassertemperatur von 20°C angegeben. Wenn die Wassertemperatur während des Versuches von 20°C abweicht, so muß das Versuchsergebnis umgerechnet werden. Es ist:

$$k_{20°} = k_t \cdot \frac{\mu_t}{\mu_{20°}} \qquad \text{(cm/s)} \qquad (10.17)$$

k_{20} = Durchlässigkeitsbeiwert bei 20°C in cm/s

k_t = Durchlässigkeitsbeiwert bei der Versuchstemperatur in cm/s

Ermittlung des Durchlässigkeitsbeiwertes
Veränderliche Druckhöhe

Bodenprobe: Sand	**Gewicht der Probe**	Versuch Nr.: 5
	Gew. d. Behälters + trockene Probe in g: 760,2	Querschnittsfläche der Probe F: 15,28 cm²
Entnahmestelle: UDO		
Bohrung Nr.: 1	Gew. d. Behälters in g: 301,5	Datum: 7.7.69
Proben Nr.: 1		Bearbeiter:
Spez. Gew. γ_s = 2,66 t/m³	Gew. d. trockenen Bodens in g: 458,7	Querschnitt des Standrohres f: 12,76 cm²
h_0 = 150 cm, h_1 = 75 cm		

Bezeichnung	Länge der Probe cm	Temperatur t °C	Zeit für die Änderung der Druckhöhe in s: $h_0 - \sqrt{h_0 \cdot h_1}$	$h_0 - h_1$	Durchlässigkeit k_t bei t°C cm/s	$\frac{\mu_t}{\mu_{20°}}$	Durchlässigkeit $k_{20°}$ bei 20°C cm/s	Porenziffer ε
1 a	20	25,4	49	98				
1 b	20	25,4	49 1/4	99	0,116	0,876	0,102	0,77
2 a	19,4	25,4	63	127				
2 b	19,4	25,4	63 1/2	129	0,0867	0,876	0,0759	0,72
3 a	18,5	27,1	97 1/4	197				
3 b	18,5	27,1	97 1/4	198 1/2	0,0537	0,847	0,0455	0,64
4 a	18,0	26,9	115	231				
4 b	18,0	26,9	115 1/2	232	0,0448	0,847	0,0379	0,60

Abb.10.4 **Formular für die Bestimmung des Durchlässigkeitsbeiwertes bei veränderlicher Druckhöhe.**

μ_t = Dynamische Zähigkeit des Wassers bei der Versuchstemperatur in Millipoise (siehe Tab.8.6)

$\mu_{20°}$ = Dynamische Zähigkeit des Wassers bei 20°C.
$\mu_{20°}$ = 10,09 Millipoise

Lösung

Zur Lösung der Aufgabe wird das Formular für die Bestimmung des Durchlässigkeitsbeiwertes bei veränderlicher Druckhöhe, Abb.10.4, verwendet. Für die Versuche 2, 3 und 4 wurde die Bodenprobe jeweils etwas stärker verdichtet. Bei dem Versuch 1 war die Länge der Probe 20 cm, bei dem Versuch 4 betrug sie nur noch 18 cm.

Die Durchlässigkeitsbeiwerte k wurden nach den Gl.(10.16) und (10.17) bestimmt. Die Porenziffern wurden nach der Gl.(2.4) berechnet:

$$\varepsilon = \frac{V \cdot \gamma_t}{G_t} - 1$$

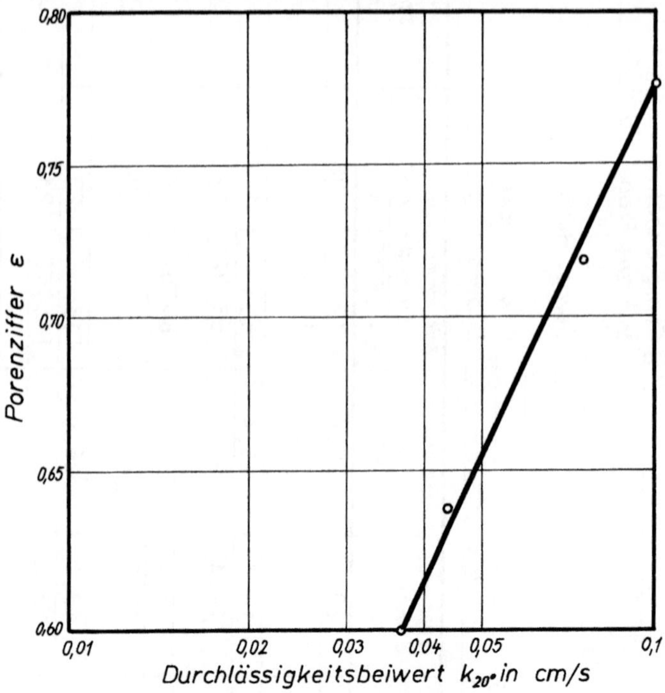

Abb.10.5 Abhängigkeit des Durchlässigkeitsbeiwertes k von der Porenziffer ε .

Der Zusammenhang zwischen den k-Werten und Porenziffern

ist in Abb.10.5 wiedergegeben. Trägt man die k-Werte im logarithmischen Maßstab auf, so ergibt sich angenähert eine gerade Linie.

Ergebnisse

In den englischsprachigen Ländern ist es üblich, die Abhängigkeit der k-Werte von der Porenziffer so darzustellen, wie es in Abb.10.5 geschehen ist. In Deutschland wird aber häufiger der k-Wert im logarithmischen Maßstab als Ordinate und die Porenziffer ε im logarithmischen Maßstab als Abszisse aufgetragen. In fast allen Fällen ergibt sich bei dieser Art der Auftragung eine gerade Linie, die durch die Gleichung:

$$k = A \cdot \varepsilon^{B} \qquad \text{(cm/s)} \qquad (10.18)$$

wiedergegeben werden kann. Nach SCHULTZE/MUHS ist:

$$A = 1102 \cdot d_{10}^{2} \qquad (10.19)$$

$$B = \frac{\ln f(n)}{\ln \varepsilon} \qquad (10.20)$$

B schwankt zwischen den Werten 2 und 5.

Die Gl.(10.18)*kann zur überschläglichen Berechnung des k-Wertes benutzt werden, wobei für B ein mittlerer Wert von 3 einzusetzen ist.

Aufgabe 33 Durchlässigkeit und hydraulischer Gradient

In einer Schicht aus wassergesättigtem, sandigem Kies wurde eine Durchflußmenge von $Q = 0{,}03\ m^3/s$ festgestellt.

Wie groß wird die Durchflußmenge, wenn sich die Druckhöhe verdoppelt und der Fließweg um die Hälfte verkürzt?

Lösung

Nach der Gl.(10.1) ist $Q = k \cdot i \cdot F$. Für $Q = 0{,}03\ m^3/s$ sei:

$$0{,}03 = k \cdot i_1 \cdot F = k \cdot \frac{h_W}{L} \cdot F \qquad (10.21)$$

Für die verdoppelte Druckhöhe und den um die Hälfte verkürzten Fließweg sei der hydraulische Gradient nach Gl.(10.6):

$$i_2 = \frac{2 \cdot h_W}{\frac{1}{2} \cdot L} = 4 \cdot \frac{h_W}{L} \qquad (10.22)$$

Mit dem hydraulischen Gradienten i_2 ist die Durchflußmenge:

$$Q = 4 \cdot k \cdot \frac{h_W}{L} \cdot F \qquad (10.23)$$

Das Verhältnis der beiden Durchflußmengen zueinander ist:

$$\frac{Q}{0{,}03} = \frac{4}{1}$$

und somit die Durchflußmenge nach der Änderung des hydraulischen Gradienten:

$$Q = 4 \cdot 0{,}03 = 0{,}12\ m^3/s.$$

Ergebnisse

Aus den Gl.(10.1) und (10.6) lassen sich folgende Zusammenhänge unmittelbar ablesen:

Die Durchflußmenge nimmt im gleichen Verhältnis zu oder ab, in dem die Druckhöhe zunimmt oder abnimmt.

Die Durchflußmenge nimmt im gleichen Verhältnis ab, in dem der Fließweg zunimmt, und im gleichen Verhältnis zu, in dem der Fließweg abnimmt.

Aufgabe 34 Ergiebigkeit einer Quelle

Am Hang eines Berges tritt auf einer Breite von 1,10 m eine Quelle aus, deren Ergiebigkeit festgestellt werden soll.

Mit zwei Bohrungen wurde die Lage der wasserführenden Schicht und die Lage des mittleren Grundwasserpegels ermittelt. Die Ergebnisse sind in Abb.10.6 wiedergegeben.

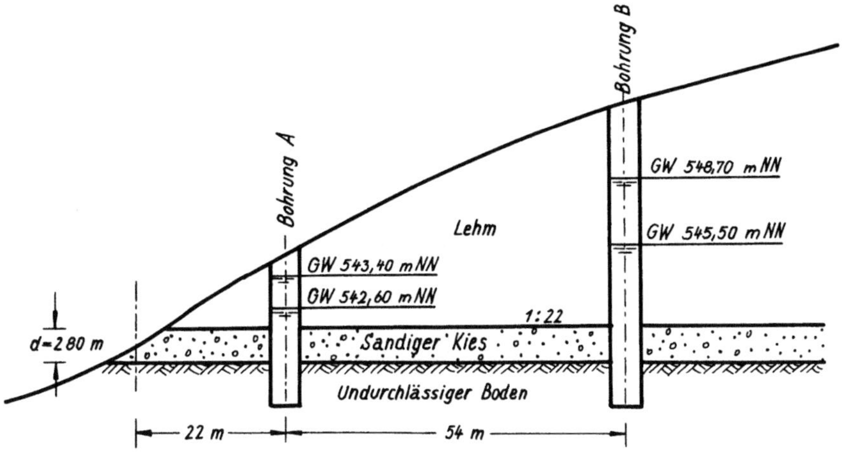

Abb.10.6 Untersuchung einer wasserführenden Schicht.

Die Ergiebigkeit beträgt für den mittleren Grundwasserpegel Q = 1,2 l/s. Die maximalen Grundwasserpegel waren:

bei der Bohrung A 543,40 m ü. NN

bei der Bohrung B 548,70 m ü. NN

Welche Ergiebigkeit hat die Quelle zur Zeit des höchsten Grundwasserpegels?

Lösung

Mit den vorliegenden Meßwerten läßt sich nach der Gl.(10.5) der Durchlässigkeitsbeiwert der wasserführenden Schicht errechnen. Er ist:

$$k = \frac{Q}{i \cdot F} = \frac{Q \cdot L}{h_w \cdot F} \qquad \text{(m/s)}$$

Der Abb.10.6 entnimmt man für den mittleren Grundwasserpegel:

$$h_w = 2{,}90 \text{ m}$$
$$F = 2{,}80 \; 1{,}10 = 3{,}08 \text{ m}^2$$
$$L = 54{,}0 \text{ m}$$

Der Einfluß der Neigung der wasserführenden Schicht auf

die Länge des Fließweges kann vernachlässigt werden, da er sehr klein ist. Somit ist:

$$k = \frac{0{,}0012 \cdot 54}{2{,}90 \cdot 3{,}08} \quad (m/s)$$

$$k = 0{,}00725 = 7{,}25 \cdot 10^{-3} \quad (m/s)$$

Die maximalen Grundwasserpegel ergeben einen hydraulischen Gradienten von:

$$i = \frac{548{,}70 - 543{,}40}{54} = 9{,}8 \cdot 10^{-2}$$

Mit diesem hydraulischen Gradienten und dem errechneten Durchlässigkeitsbeiwert $k = 7{,}25 \cdot 10^{-3}$ m/s ist die Ergiebigkeit der Quelle:

$$Q = 7{,}25 \cdot 10^{-3} \cdot 9{,}8 \cdot 10^{-2} \cdot 3{,}08 \quad (m^3/s)$$

$$Q = 2{,}2 \cdot 10^{-3} \; m^3/s = 2{,}2 \quad (l/s)$$

Ergebnisse

Zur Zeit des höchsten Grundwasserpegels ist die Ergiebigkeit der Quelle um 1 l/s größer als im Jahresdurchschnitt.

Die wasserführende Schicht besteht aus sandigem Feinkies. Für Grobsande und Feinkiese schwanken die Durchlässigkeitsbeiwerte zwischen 10^{-5} m/s und 10^{-2} m/s. (Siehe Tab.10.2) Der errechnete Wert von $k = 7{,}25 \; 10^{-3}$ m/s liegt etwa in der Mitte der üblichen Grenzwerte.

Vergrößert man die Fläche der Austrittsöffnung, so erhöht sich die Ergiebigkeit der Quelle, ohne die übrigen Einflüsse verändern zu müssen. Die gleiche Wirkung läßt sich auch erzielen, wenn ein perforiertes Rohr in die wasserführende Schicht geschoben wird, dessen Wandung eine größere Oberfläche hat als die natürliche Austrittsöffnung. Bei der Wassergewinnung aus Brunnen macht man sich diese Erhöhung der Ergiebigkeit zunutze, indem in die wasserführende Schicht sternförmig horizontale Fassungsstränge bis zu hundert Meter Länge, 2,50 m Breite bzw. Durchmesser vorgetrieben werden.

Aufgabe 35 Bestimmung mittlerer Durchlässigkeitsbeiwerte geschichteter Böden

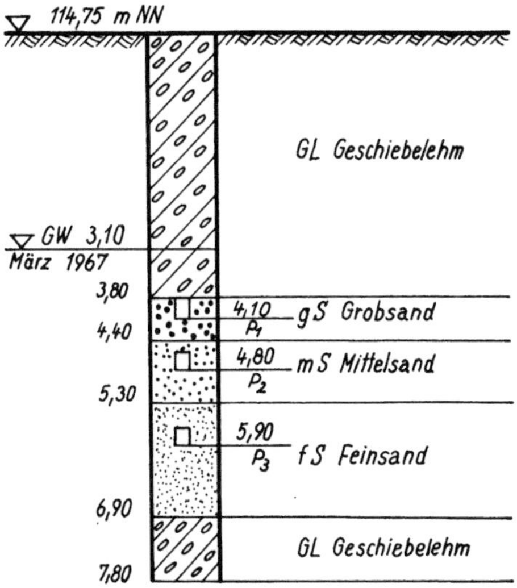

Abb.10.7 Ergebnis einer Probebohrung.

Abb.10.7 zeigt das Ergebnis einer Probebohrung, aus der drei Bodenproben entnommen wurden. Die Bodenproben hatten folgende Durchlässigkeitsbeiwerte:

Probe 1 $k_1 = 1,5 \; 10^{-2} m/s$

Probe 2 $k_2 = 2,0 \; 10^{-3} m/s$

Probe 3 $k_3 = 1,0 \; 10^{-4} m/s$

Wie groß ist der mittlere Durchlässigkeitsbeiwert der drei Sandböden?

a) Parallel zur Schichtung.

b) In vertikaler Richtung.

Grundlagen

Nur selten trifft man in der Natur Böden an, die in größerer Mächtigkeit aus einheitlichem Material bestehen. Fast immer bilden die einzelnen Bodenarten verschieden dicke Schichten, von denen jede ihre ganz spezifischen Eigenschaften hat. Im vorliegenden Beispiel sind die Durchlässigkeitsbeiwerte der drei Sandschichten, die im Geschiebelehm eingebettet sind, verschieden groß. Für die Berechnung von Sickerströmungen muß ein Mittelwert aus diesen drei Werten bestimmt werden.

Für den Fließvorgang parallel zur Schichtung ist der Durchlässigkeitsbeiwert:

$$k_I = \frac{1}{H}(k_1 \cdot H_1 + k_2 \cdot H_2 + \cdots\cdots + k_n \cdot H_n) \quad \text{(m/s)} \qquad (10.24)$$

$H = H_1 + H_2 + H_3 + \ldots\ldots H_n$ = Gesamtstärke der Schichten

$k_1\ k_2 \ldots\ldots\ k_n$ = Durchlässigkeitsbeiwerte der einzelnen Schichten

k_I = Mittlerer Durchlässigkeitsbeiwert parallel zur Schichtung

Der hydraulische Gradient in vertikaler Richtung ist:

$$i = \frac{h_w}{H} \qquad (10.25)$$

h_w = Gesamte Druckhöhe

H = Gesamtdicke aller Schichten

Die Kontinuität verlangt, daß die vertikale Fließgeschwindigkeit v an der Oberfläche jeder Schicht gleich ist:

$$v = \frac{h_w}{H} \cdot k_{II} = k_1 \cdot i_1 + k_2 \cdot i_2 + \cdots\cdots + k_n \cdot i_n \quad (m/s) \qquad (10.26)$$

k_{II} = Mittlerer Durchlässigkeitsbeiwert in vertikaler Richtung.

$i_1\ i_2 \ldots\ldots\ i_n$ = Hydraulische Gradienten der einzelnen Schichten.

Außerdem ist die gesamte Druckhöhe gleich der Summe der auf die einzelne Schicht entfallenden Druckhöhe:

$$h_w = H_1 \cdot i_1 + H_2 \cdot i_2 + \ldots\ldots H_n \cdot i_n \quad \text{(m)} \qquad (10.27)$$

Die Ausdrücke für i_1, i_2 .... i_n der Gl.(10.26) in die Gl.(10.27) eingesetzt, ergibt:

$$h_w = \frac{H_1}{k_1} \cdot \frac{h_w}{H}\, k_{II} + \frac{H_2}{k_2} \cdot \frac{h_w}{H} \cdot k_{II} + \cdots\cdots + \frac{H_n}{k_n} \cdot \frac{h_w}{H} \cdot k_{II} \qquad (10.28)$$

oder:

$$\frac{H}{k_{II}} = \frac{H_1}{k_1} + \frac{H_2}{k_2} + \cdots\cdots + \frac{H_n}{k_n} \quad (s) \qquad (10.29)$$

oder:

$$k_{II} = \frac{H}{H_1/k_1 + H_2/k_2 + \cdots\cdots + H_n/k_n} \quad (m/s) \qquad (10.30)$$

Das Verhältnis der beiden mittleren Durchlässigkeitsbeiwerte zueinander ist:

$$\frac{k_I}{k_{II}} = \frac{1}{H}\cdot\left(k_1 H_1 + k_2 H_2 + \cdots + k_n H_n\right)\cdot\left(\frac{H_1}{k_1} + \frac{H_2}{k_2} + \cdots + \frac{H_n}{k_n}\right) \tag{10.31}$$

Die einzelnen Schichtdicken sind ein Teil der Gesamtdicke H:

$$c_n = \frac{H_n}{H} \quad ; \quad c_n \cdot H = H_n \tag{10.32}$$

wobei c_n eine Zahl kleiner als 1 bedeutet.

Die Gl.(10.32) in die Gl.(10.31) eingesetzt, ergibt:

$$\frac{k_I}{k_{II}} = \left(k_1 c_1 + k_2 c_2 + \cdots + k_n c_n\right)\cdot\left(\frac{c_1}{k_1} + \frac{c_2}{k_2} + \cdots + \frac{c_n}{k_n}\right) \tag{10.33}$$

Lösung

Der Abb.10.7 entnimmt man:

$$\begin{aligned} H_1 &= 4{,}40 - 3{,}80 = 0{,}60 \text{ m} \\ H_2 &= 5{,}30 - 4{,}40 = 0{,}90 \text{ m} \\ H_3 &= 6{,}90 - 5{,}30 = 1{,}60 \text{ m} \\ H &= H_1 + H_2 + H_3 = 3{,}10 \text{ m} \end{aligned}$$

Mit der Gl.(10.24) ist der mittlere Durchlässigkeitsbeiwert parallel zur Schichtung:

$$k_I = \frac{1}{3{,}10}\left(1{,}5\cdot 10^{-2}\cdot 0{,}60 + 2\cdot 10^{-3}\cdot 0{,}90 + 1\cdot 10^{-4}\cdot 1{,}60\right)$$

$$k_I = \frac{10^{-3}}{3{,}10}\left(15\cdot 0{,}60 + 2\cdot 0{,}90 + 0{,}1\cdot 1{,}60\right) = \frac{10^{-3}}{3{,}10}\cdot 10{,}96$$

$$k_I = 3{,}54\cdot 10^{-3} \text{ m/s}$$

Mit der Gl.(10.30) ist der mittlere Durchlässigkeitsbeiwert in vertikaler Richtung:

$$k_{II} = \frac{3{,}10}{\dfrac{0{,}60}{1{,}5\cdot 10^{-2}} + \dfrac{0{,}90}{2\cdot 10^{-3}} + \dfrac{1{,}60}{10^{-4}}}$$

$$k_{II} = \frac{3{,}10\cdot 10^{-3}}{16{,}49} = 0{,}19\cdot 10^{-3} \text{ m/s}$$

Ergebnisse

Der mittlere Durchlässigkeitsbeiwert in vertikaler Richtung k_{II} ist kleiner als der mittlere Durchlässigkeitsbeiwert parallel zur Schichtung k_I. Es läßt sich zeigen, daß k_{II} immer kleiner sein muß als k_I. Es sei:

$$\frac{k_I}{k_{II}} = \left(k_1 \cdot c_1 + k_2 \cdot c_2\right) \cdot \left(\frac{c_1}{k_1} + \frac{c_2}{k_2}\right) \qquad (10.34)$$

In der Gl.(10.34) sei k_2 der mittlere Durchlässigkeitsbeiwert aller vorhandenen Schichten außer der Schicht H_1 mit dem Durchlässigkeitsbeiwert k_1. c_2 sei das Verhältnis aller Schichtdicken zur Gesamtdicke außer der Schichtdicke H_1. Es sei:

$$\frac{k_2}{k_1} = b \qquad (10.35)$$

Die Gl.(10.35) in die Gl.(10.34) eingesetzt und für k_1 gleich 1 angenommen, ergibt:

$$\frac{k_I}{k_{II}} = \left(c_1 + b c_2\right) \cdot \left(c_1 + \frac{c_2}{b}\right) \qquad (10.36)$$

oder:

$$\frac{k_I}{k_{II}} = c_1^2 + \frac{c_1 c_2}{b} + b \cdot c_1 \cdot c_2 + c_2^2 \qquad (10.37)$$

Für den Grenzfall:

$$c_1 = 0, \text{ ist } c_2 = 1 \; ; \qquad (10.38)$$

$$c_2 = 0, \text{ ist } c_1 = 1 \qquad (10.39)$$

In diesen Fällen ist:

$$\frac{k_I}{k_{II}} = 1 \qquad (10.40)$$

Für den Grenzfall:

$$c_1 = \infty, \text{ist } c_2 = 0 \; ; \qquad (10.41)$$

$$c_2 = \infty, \text{ist } c_1 = 0 \qquad (10.42)$$

In diesen Fällen ist: $\frac{k_I}{k_{II}} = \infty$

Also ist: $1 \leq k_I / k_{II} \leq \infty$

und somit k_{II} stets kleiner als k_I.

Aufgabe 36 Vertikale Strömung durch geschichtete Böden

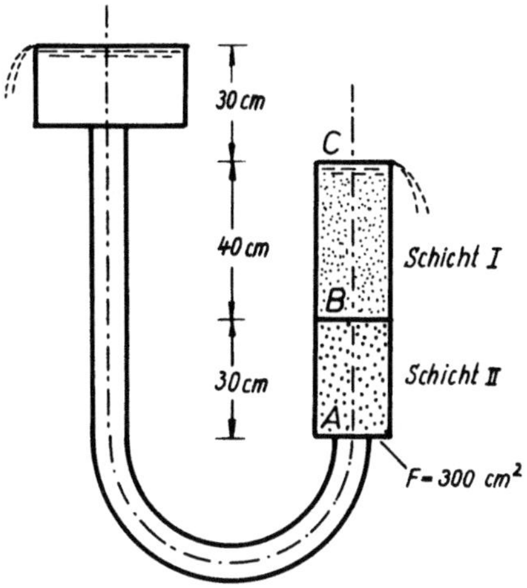

Abb. 10.8 Versuchsanordnung zur Untersuchung vertikaler Strömungen durch eine Bodenprobe.

Abb. 10.8 zeigt eine Versuchsanordnung zur Untersuchung vertikaler Strömungen durch eine Bodenprobe.

a) Wie groß ist die Druckhöhe im Punkt A?

b) Wie groß ist die Druckhöhe im Punkt B, wenn 25 % des Druckes beim Durchströmen der Schicht II verlorengehen?

c) Wieviel Wasser in l/s fließt durch die Schicht II, wenn der Durchlässigkeitsbeiwert dieser Schicht k_{II} = 0,004 cm/s ist?

d) Welchen Durchlässigkeitsbeiwert hat die Schicht I ?

Lösung

a) Die Druckhöhe im Punkt A entspricht dem Abstand des Punktes A vom Wasserspiegel:

$$h_A = 30 + 40 + 30 = 100 \text{ cm}$$

b) $h_B = (100 - 0,25)\cdot 100 = 0,75\cdot 100 = 75$ cm

c) $Q = k_{II}\cdot i_{II}\cdot F = 0,004\cdot\frac{100-75}{30}\cdot 300 = 1,0 \quad \text{cm}^3/\text{s}$

d) Die Kontinuität verlangt, daß die Fließgeschwindigkeit in der Schicht I ebenso groß ist wie in der Schicht II:

$$v_I = v_{II} = k_I\cdot i_I = k_{II}\cdot i_{II}$$

Der hydraulische Gradient der Schicht I ist:

$$i_I = \frac{75}{40}$$

denn der Druck ist im Punkt C angenähert gleich Null.

$$k_I = k_{II}\cdot\frac{i_{II}}{i_I} = 0{,}004\cdot\frac{25}{30}\cdot\frac{40}{75} = 0{,}0018 \text{ cm/s}$$

Ergebnisse

Durch die Bodenprobe strömt in einer Sekunde eine Wassermenge von 1,08 cm^3. Dieser Wert muß sich ebenfalls ergeben, wenn die Berechnung mit dem mittleren Durchlässigkeitsbeiwert in vertikaler Richtung nach Gl.(10.30) bestimmt wird. Es ist:

$$k_{II} = \frac{H}{\frac{H_1}{k_1} + \frac{H_2}{k_2}}$$

$$k_{II} = \frac{70}{\frac{40}{0{,}0018} + \frac{30}{0{,}004}} = \frac{70 \cdot 10^{-3}}{22{,}2 + 7{,}5}$$

$$k_{II} = \frac{70}{29{,}7} \cdot 10^{-3} = 2{,}36 \cdot 10^{-3}\ cm/s$$

Damit ist die sekundliche Wassermenge:

$$Q = 2{,}36 \cdot 10^{-3} \cdot \frac{100}{70} \cdot 300 = 1{,}0\ cm^3/s$$

Aufgabe 37 Bestimmung des Durchlässigkeitsbeiwertes im Feldversuch

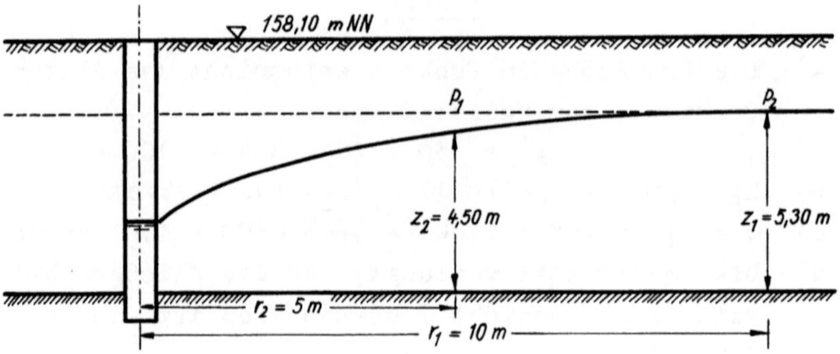

Abb.10.9 Absenkkurve im Beharrungszustand.

Beim Bau einer Talsperre sind die Durchlässigkeitsbeiwerte des Untergrundes zu bestimmen. Abb.10.10 zeigt einen Versuchsbrunnen zur Bestimmung des Durchlässigkeitsbeiwertes des kiesigen Sandes. Abb.10.11 zeigt die Anordnung der Piezometerrohre zur Bestimmung der Absenkkurve während des Versuches. Abb.10.9 zeigt die Absenkkurve im Beharrungszu-

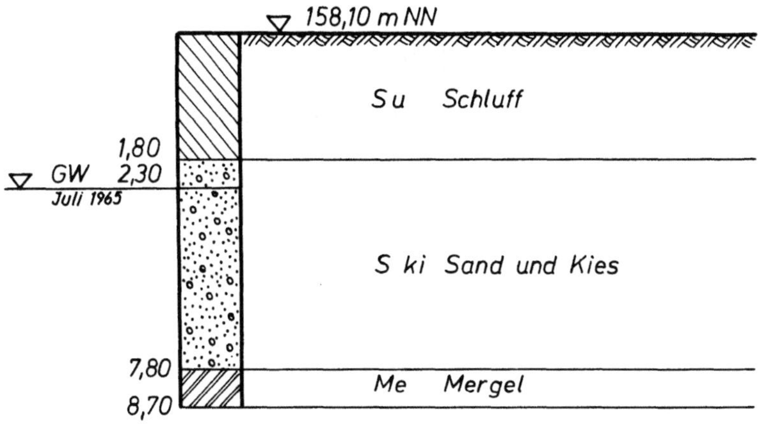

Abb.10.10 Brunnenbohrung zur Bestimmung des Durchlässigkeitsbeiwertes.

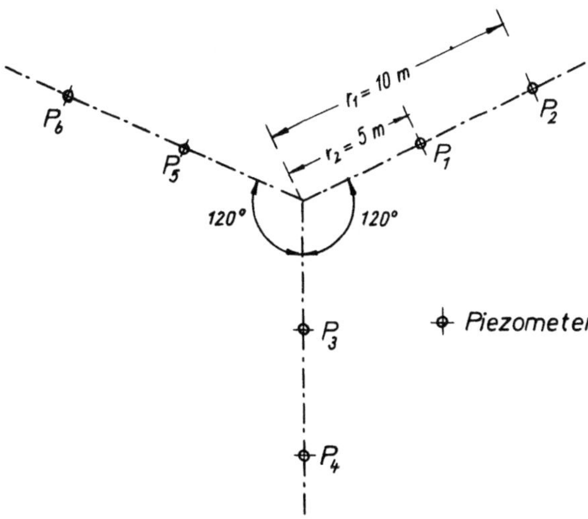

Abb.10.11 Anordnung von Piezometern um einen Versuchsbrunnen.

stand. Die Pumpe liefert im Beharrungszustand eine konstante Wassermenge von $Q = 0,25\ m^3/s$.

Welchen Durchlässigkeitsbeiwert hat der Boden?

Grundlagen

In Abb.10.9 ist der hydraulische Gradient der Absenkkurve:

$$i = \frac{dz}{dr} \qquad (10.43)$$

Die sekundliche Wassermenge im Abstand r von der Achse des Brunnens ist:

$$Q = k \cdot \frac{dz}{dr} \cdot 2\pi rz \qquad (m^3/s) \qquad (10.44)$$

Daraus ergibt sich:

$$\int_{r_2}^{r_1} \frac{dr}{r} = \frac{2\pi k}{Q} \cdot \int_{z_2}^{z_1} z \cdot dz \qquad (10.45)$$

$$\ln \frac{r_1}{r_2} = \frac{\pi \cdot k}{Q} \cdot (z_1^2 - z_2^2) \qquad (10.46)$$

$$k = \frac{Q \cdot \ln r_1/r_2}{\pi \cdot (z_1^2 - z_2^2)} \qquad (m/s) \qquad (10.47)$$

Lösung

$$Q = 0,25\ m^3/s$$

$$\ln \frac{r_1}{r_2} = \ln \frac{10}{5} = \ln 2 = 0,6931$$

$$z_1^2 - z_2^2 = 5,3^2 - 4,5^2 = 28,1 - 20,3 = 7,8\ m^2$$

Somit ist nach Gl.(10.47):

$$k = \frac{0,25 \cdot 0,6931}{3,14 \cdot 7,8} = 0,7 \cdot 10^{-2}\, m/s$$

Ergebnisse

Bei der Bestimmung des Durchlässigkeitsbeiwertes im Feldversuch ist darauf zu achten, daß die Abstände der Piezometerrohre vom Versuchsbrunnen genügend groß gewählt werden. Der kleinste Abstand darf nicht kleiner sein als das 10 fache des Brunnendurchmessers, da unterhalb dieser Grenze der Wasserdruck zum Brunnen hin steil abnimmt, wie auch aus der Abb.10.9 zu erkennen ist.

Weiterhin muß beachtet werden, daß die sekundliche Wassermenge der Berechnung zugrunde gelegt wird, die im Beharrungszustand des Wasserspiegels im Brunnen erzielt wird. Würde man eine Wassermenge zugrunde legen, die vor dem Beharrungszustand gemessen wurde, so müßte der errechnete Durchlässigkeitsbeiwert zu groß ausfallen.

10.2 Berechnungstafeln und Zahlenwerte

Bodenart	Durchlässigkeitsbeiwert k in m/s
Geröll.............	10^{-1} - 5
Grober Kies........	10^{-2} - 2
Mittlerer Kies.....	10^{-3} - 1
Feiner Kies........	10^{-4} - 10^{-2}
Grober Sand........	10^{-5} - 10^{-2}
Mittlerer Sand.....	10^{-6} - 10^{-3}
Feiner Sand........	10^{-6} - 10^{-3}
Schluff............	10^{-9} - 10^{-5}
Löß................	10^{-10} - 10^{-5}
Lehm...............	10^{-10} - 10^{-6}
Ton................	10^{-10} - 10^{-8}
Böden mit einem Durchlässigkeitsbeiwert $k < 10^{-7}$ m/s sind praktisch wasserundurchlässig.	

Tabelle 10.2 Durchlässigkeitsbeiwerte k der hauptsächlichen Bodenarten.

Bodenart	Durchgangsgeschwindigkeit
Steingeröll........	1 - 50 m/h
Kies, grob.........	0,1 - 10 m/h
mittel.......	1 - 100 cm/h
fein.........	0,1 - 10 cm/h
Sand, grob.........	0,1 - 100 mm/h
mittel.......	0,1 - 200 mm/Tag
fein.........	0,1 - 200 mm/Tag
Sand, lehmig, schluffig....	0,01 - 20 mm/Tag

Tabelle 10.3 Durchschnittliche Fließgeschwindigkeiten (Durchgangsgeschwindigkeiten) des Grundwassers in den hauptsächlichen Bodenarten.

Ort	°/oo	m/Tag
Dünen bei Haarlem (Holland)...............	0,3	0,011 - 0,15
Königsberg i. Pr.	0,59	
Rheinalluvionen bei Straßburg..............	0,60	3,0 - 7,8
Wasserwerk Hochkirchen bei Köln...............	0,60	
Moseltal bei Kenn.......	0,67	
Nordöstlich Mannheim....	0,74	
Wilhelmshagen (Berlin)..	1,08	
Metz....................	1 - 3	
Pleiße, Elster, Mulde bei Leipzig............	1 - 1,5	
Muldetal bei Waldenburg i. Sa.	1,30	
Maintal bei Aschaffenburg...........	1,43	
Neckartal bei Mannheim...............	1,7- 5	1,2 - 1,6
Donautal bei Linz.......	2,50	
Lechtal bei Augsburg....	3,00	

Tabelle 10.4 Beobachtete Grundwassergefälle in °/oo und Durchgangsgeschwindigkeiten in m/Tag (SCHLEICHER 1955).

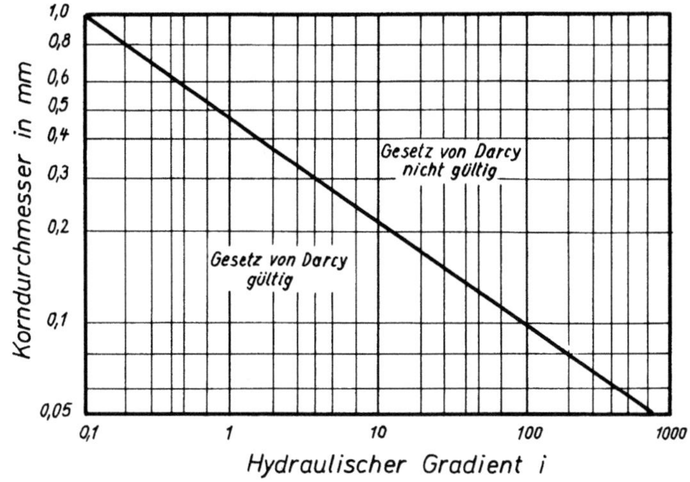

Abb.10.12 Gültigkeitsbereich des Gesetzes von Darcy (OHDE 1951).

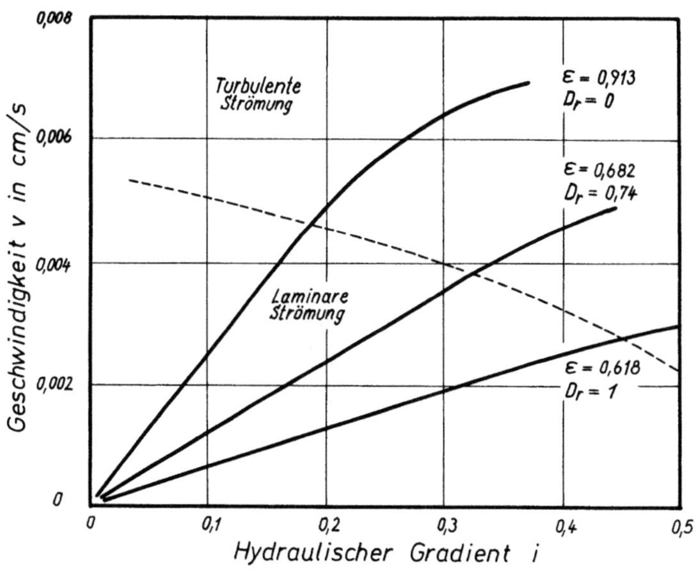

Abb.10.13 Grenze zwischen laminarer und turbulenter Strömung in Sanden verschiedener Dichte (BURMISTER 1955).

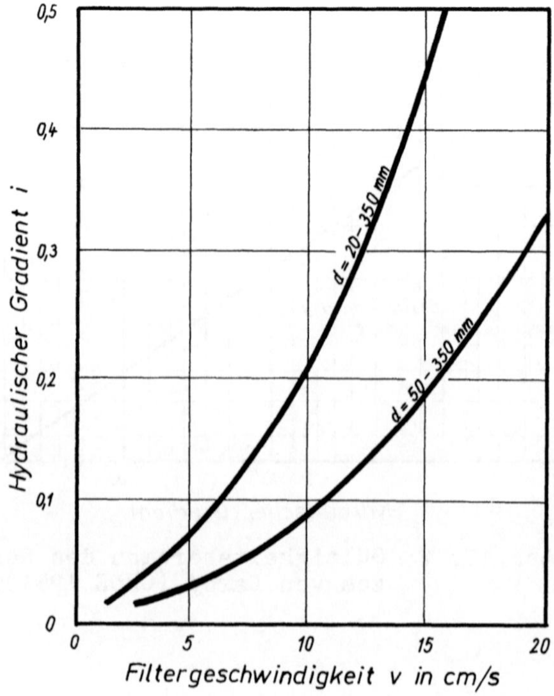

Abb. 10.14 Filtergeschwindigkeit in Geröllen (LEUSSINK 1957).

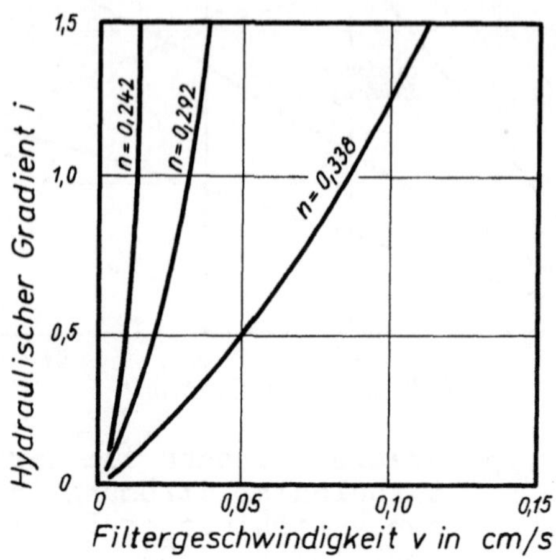

Abb. 10.15 Filtergeschwindigkeit sandiger Kiese (KEZDI 1959).

10.3 Literatur

DARCY (1856) Les fontaines publiques de la ville de Dijon. V.Dalmont Paris.

HAZEN (1892) Some physical properties of sands and gravels with special reference to their use in filtration. 24. Ann.Report Mass.State Board of Health, Pub.Document 34, S.539.

SLICHTER (1899) Theoretical investigation of the motion of groundwaters. US Geol.Survey, 19th Ann.Rep., Part 2, S.301 - 384.

HAZEN (1911) Discussion of dams on sand foundations. Trans. Am.Soc.Civil Eng., 73, S.199.

TERZAGHI (1925) Principles of soil mechanics. Part III, Determination of permeability of clay, Eng.News Record 95, S.832.

ZUNKER (1930) Das Verhalten des Bodens zum Wasser. Handbuch der Bodenlehre von BLANCK. Bd.6, Springer-Verlag Berlin.

WEBER (1932) Beitrag zur Bestimmung der Ergiebigkeit wasserführender Schichten. Gesundheits-Ing. 55, S.391.

FANCHER/LEWIS/BARNES (1933) Some physical characteristics of oil sands. Pen.State Coll.Min.Ind.Expt.Sta.Bull. 12, S.65 - 163.

DACHLER (1936) Grundwasserströmung. Wien.

BERTRAM (1940) An experimental investigation of protective filters. Harvard Univ.Publ. No.267.

VREEDENBURGH (1936) On the steady flow of water percolating through soils with homogeneous permeability. Proc. I.Int.Conf.Soil Mech.Found.Eng. 1, Pap. k-2, S.222.

CHARDABELLAS (1940) Durchflußwiderstände in Sand und ihre Abhängigkeit von Flüssigkeits- und Bodenkennziffern. Mitt.Preuß.Versuchsanstalt Wasser-, Erd- und Schiffbau Berlin, H.40.

CASAGRANDE/FADUM (1940) Notes on soil testing for engineering purposes. Harvard Univ.Soil Mech.Series No.8, S.32.

BREITENÖDER (1942) Ebene Grundwasserströmungen mit freier Oberfläche. Springer-Verlag Berlin.

MACEY (1942) Clay-water relationships and the internal mechanism of drying. Trans.Brit.Ceram.Soc. 41, S.73.

TERZAGHI (1943) Theoretical soil mechanics. Wiley & Sons New York.

GRIGNET (1943) Appareils pour la détermination des lois et coefficients de perméabilité des milieux pulvérulents. Univ. Liége, Cours hydraulique 10.

EDELFSEN/ANDERSON (1943) Thermodynamics of soil moisture. Hilgardia, 15-2, S.1.

JACOB (1946) Report of the Committee on ground-water 1944-1945. Appendix A - Report of the subcommittee on permeability. Trans.AGU 27, S.246.

MUSKAT (1946) The flow of homogeneous fluids through porous media. J.W.Edwards, Ann Arbor, Mich.

BERNATZIK (1947) Baugrund und Physik. Zürich.

ROMANOVSKI (1948) Recherches sur les propriétés physiques des sédiments meubles. Ann.de l'Institut Techn. du Bât. et Trav. Publics Paris.

TAYLOR (1948) Fundamentals of soil mechanics. Wiley & Sons New York.

PARFITT (1948) Experimental investigation of the degree of saturation in sands. Master of Science Thesis, Dep. of Civ.Eng. Mass.Inst.of Techn.

DRYDEN (1948) Recent advances in the mechanics of boundary layer flow. Advances in Applied Mechanics, ed. by von Kármán and R.von Mises, Chap.1, Academic Press New York.

REEVE/DON KIRKHAM (1951) Soil anisotropy and some field methods for measuring permeability. Trans.Am.Geophys. Union, Vol.32, No.4.

OHDE (1951) Grundbaumechanik. "Hütte", 7.Aufl. Bd.III, Abschn.10, Kap.II, Ernst & Sohn Berlin.

POLUBARINOVA-KOCHINA (1952) Theorie der Grundwasserbewegung (Russisch). Staatsdruck Moskau.

ENGELUND (1953) On the laminar and turbulent flows of ground-water through homogeneous sand. Trans.Dan.Acad. Techn.Sci.Kopenhagen, No.3.

ZUNKER (1953) Boden- und Grundwasserkunde. Berlin, 1. Lehrbrief.

NAHRGANG (1954) Zur Theorie des vollkommenen und unvollkommenen Brunnens. Springer-Verlag Berlin-Göttingen-Heidelberg.

MICHAELS/LIN (1954) The permeability of kaolinite. Ind. Chem. 46, S.1239.

WINTERKORN (1954) Water movement through porous hydrophilic systems under capillary, electric and thermal potentials. ASTM Spec.Techn.Publ.163, S.27.

LAMBE (1954) The permeability of fine grained soils. ASTM Spec.Techn.Publ.163, S.56.

TERZAGHI (1955) Influence of geological factors on the engineering properties of sediments. Economic Geology, 15th Ann.Vol.,S.557 - 618.

BURMISTER (1955) Principles of permeability testing of soils. "Symposium on permeability of soils." Am.Soc. Test.Mat. Spec.Techn.Publ.,No.163.

WILKINS (1955) Flow of water through rock fill and its application to the design of dams. New Zealand Eng. 10, S.382.

LEUSSINK (1956) Durchlässigkeitsversuche mit Steingeröll. Vorträge der Baugrundtagung Köln, S.232.

BROADBENT/HAMMERSLEY (1957) Percolating processes. I. Crystals and mazes.Proc.Camb.Phil.Soc. 53,S.629.

SCHMID (1957) The permeability of soils and the concept of a stationary boundary layer. Princeton University.

BJERRUM/HUDER (1957) Measurement of the permeability of compacted clays. Proc.IV.Int.Conf.Soil.Mech.Found.Eng. London, Bd.I, S.6.

SCHEIDEGGER (1957) The physics of flow through porous media. The Macmillan Co. New York.

BOLT/MILLER (1958) Calculation of component and total potentials of water in soil. Trans.Am.Geophys.Union 39, S.917.

DE JOSSELYN/DE YONG (1958) Longitudinal and transverse diffusion in granular deposits. Trans.Am.Geophys.Union 39, S.67.

KEZDI (1959) Bodenmechanik I. Akadémiai Kiadó Budapest, S.177.

JAEGER (1959) The analysis of aquifer test data or thermal conductivity measurements which use a line source. J.Geophys.Research 64, S.561.

OLSEN (1960) Hydraulic flow through saturated clays. Proc. 9th Natl.Conf.Clays and Clay Minerals, Pergamon Press Ltd.London, S.131.

NISHIDA (1961) Eine einfache Formel zur Abschätzung des Durchlässigkeitskoeffizienten von Tonböden. Bauingenieur 36, S.461.

CHARDABELLAS (1964) Normung der k-Wert-Feldbestimmung durch Standardisierung der Korngrößenverteilungsdiagramme grundwasserhöffiger Lockergesteine. Mitt.Inst. Wasserwirtschaft Berlin, H.20.

SCOTT (1963) Principles of soil mechanics. Addison-Wesley Publishing Co.Reading, Massachusetts.

SCHULTZE/MUHS (1967) Bodenuntersuchungen für Ingenieurbauten, 2. Aufl. Springer-Verlag Berlin-Heidelberg-New York.

11. Verdichtung bindiger Böden

11.1 Aufgaben

Aufgabe 38 Bestimmung der einfachen Proctordichte, der verbesserten Proctordichte und der Proctorziffer

Abb.11.1 zeigt ein Formular zur Bestimmung der Proctordichte, in das die Ergebnisse eines einfachen Proctorversuches mit einem sandigen Lehm eingetragen sind.

Abb.11.2 zeigt ein Formular zur Bestimmung der Proctordichte, in das die Ergebnisse eines verbesserten Proctorver suches mit dem gleichen Boden eingetragen sind.

Das spezifische Gewicht des sandigen Lehmes ist $\gamma_s = 2{,}66 t/m^3$.

Zeichne zu jeder Versuchsreihe die Proctorkurve mit den Sättigungslinien für s_w = 70, 80, 90, 100 %.

Zeichne zu jeder Versuchsreihe die Proctorziffer-Wassergehaltskurve.

Bei welchem Wassergehalt wird die einfache Proctordichte γ_p und die verbesserte Proctordichte γ_{vp} erreicht?

Wie groß sind für die einfache und verbesserte Proctordichte:

Proctorversuch

Bodenprobe sandiger Lehm — Versuch Nr. Serie 1

Überkornanteil (>10mm) P=7 %

Entnahmestelle UDO — Datum 18.4.69

Bohrung Nr. 1 — Bearbeiter

Gew. d. Proctorzylinders 1975 g — Spez.Gew. γ_s = 2,66 g/cm³

Vol. d. Proctorzylinders 942,5 cm³ — Art d. Versuches einfach

Bestimmung der Proctordichte und Proctorziffer

Bezeichnung	1	2	3	4	5
Gew. d. Behälters + verdichteter Boden in g	3658	3825	3906	3931	3901
Gew. d. Behälters in g	1975	1975	1975	1975	1975
Gew. d. verdichteten Bodens in g	1683	1850	1931	1956	1926
Raumgewicht, feucht γ (g/cm³)	1,786	1,963	2,049	2,075	2,044
Trockenraumgewicht γ_t (g/cm³)	1,625	1,724	1,768	1,737	1,688
Proctorziffer $P_r = 1/\gamma_t - 1/\gamma_s$	0,239	0,204	0,190	0,200	0,216
Porenziffer $\varepsilon = \gamma_s/\gamma_t - 1 = P_r \cdot \gamma_s$	0,64	0,54	0,51	0,53	0,58
Porenvolumen $n = \frac{\varepsilon}{1+\varepsilon} \cdot 100$ (%)	39,0	35,1	33,8	34,6	36,7

Bestimmung des Wassergehaltes

Bezeichnung	1	2	3	4	5
Behälter	U1	U7	U14	U2	U3
Gew. d. Behälters + feuchter Boden in g	132,3	152,5	141,1	153,5	150,5
Gew. d. Behälters + trockener Boden in g	124,1	139,6	126,7	135,6	130,9
Wassergewicht in g	8,2	12,9	14,4	17,9	19,6
Behältergewicht in g	37,7	42,4	40,9	44,2	39,2
Festraumgewicht in g	86,4	97,2	85,8	91,4	91,7
Wassergehalt w in %	9,5	13,3	16,8	19,6	21,4

Bemerkungen:

Kontrollrechnung $\gamma_t = \gamma \cdot \left(\frac{100}{100+w}\right)$ (g/cm³)

Abb.11.1 Formular zur Bestimmung der Proctordichte und Proctorziffer.

Proctorversuch

Bodenprobe sandiger Lehm — Versuch Nr. Serie 2

Überkornanteil (>10 mm) P = 7 %

Entnahmestelle UDO — Datum 23.4.1969

Bohrung Nr. 1 — Bearbeiter

Gew. d. Proctorzylinders 1975 g — Spez. Gew. γ_s = 2,66 g/cm³

Vol. d. Proctorzylinders 942,5 cm³ — Art d. Versuches verbessert

Bestimmung der Proctordichte und Proctorziffer

Bezeichnung	1	2	3	4	5
Gew. d. Behälters + verdichteter Boden in g	3815	3927	4005	4040	3989
Gew. d. Behälters in g	1975	1975	1975	1975	1975
Gew. d. verdichteten Bodens in g	1840	1952	2030	2065	2014
Raumgewicht, feucht γ (g/cm³)	1,952	2,071	2,154	2,191	2,137
Trockenraumgewicht γ_t (g/cm³)	1,851	1,898	1,924	1,902	1,838
Proctorziffer $p_r = 1/\gamma_t - 1/\gamma_s$	0,164	0,151	0,144	0,150	0,168
Porenziffer $\varepsilon = \gamma_s/\gamma_t - 1 = p_r \cdot \gamma_s$	0,44	0,40	0,38	0,40	0,45
Porenvolumen $n = \frac{\varepsilon}{1+\varepsilon} \cdot 100$ (%)	30,6	28,6	27,5	28,6	31,0

Bestimmung des Wassergehaltes

Bezeichnung	1	2	3	4	5
Behälter	U2	U4	U12	U11	U5
Gew. d. Behälters + feuchter Boden in g	130,4	134,8	129,3	135,8	152,3
Gew. d. Behälters + trockener Boden in g	125,2	126,6	120,3	123,3	137,2
Wassergewicht in g	5,2	8,2	9,0	12,5	15,1
Behältergewicht in g	35,1	34,2	34,6	37,2	45,8
Festraumgewicht in g	90,1	92,4	85,7	86,1	91,4
Wassergehalt w in %	5,8	8,9	10,5	14,5	16,5

Bemerkungen:

Kontrollrechnung $\gamma_t = \gamma \cdot \left(\frac{100}{100 + w}\right)$ (g/cm³)

Abb. 11.2 Formular zur Bestimmung der Proctordichte und Proctorziffer.

a) Der Sättigungsgrad s_w?
b) Die Porenziffer ε ?
c) Das Porenvolumen n?

Welche Proctordichte hat die besseren bodenmechanischen Eigenschaften, wenn der Lehm als Schüttmaterial für den Bau eines Dammes verwendet werden soll?

Grundlagen

Die Proctordichte ist definiert als das maximale Trockenraumgewicht γ_t , das ein bindiger Boden bei einer bestimmten Verdichtungsart mit verschiedenen Wassergehalten erreichen kann. Der Versuch, der zur Proctordichte führt, wird nach seinem Erfinder (PROCTOR 1933) Proctorversuch genannt.

Bei der Herstellung von Straßen, Flugpisten, Schüttungen und Dämmen wird der Boden bei den im Proctorversuch bestimmten Wassergehalten mit annähernd gleich großer Verdichtungsenergie verdichtet.

In einem genormten zweiteiligen Zylinder von 10 cm Durchmesser, dessen unterer Teil 12 cm und dessen oberer Teil 5 cm hoch ist, wird eine Menge von etwa 2,5 kg feuchten, bindigen Bodens 13 cm bis 14 cm hoch eingefüllt und mit einem genormten Stampfer (⌀ 5 cm) verdichtet. Körner mit ⌀ > 10 mm werden vor der Durchführung des Versuches ausgesiebt.

Für die <u>einfache Proctordichte</u> verwendet man einen Stampfer von 2,5 kg Gewicht. Der Boden wird in drei Lagen eingebaut und jede Lage mit 25 Schlägen bei einer Fallhöhe von 30 cm verdichtet.

Für die <u>verbesserte Proctordichte</u> verwendet man einen Stampfer von 4,5 kg Gewicht. Der Boden wird in 5 Lagen eingebaut und jede Lage mit 25 Schlägen bei einer Fallhöhe von 45 cm verdichtet.

Beim verbesserten Proctorversuch ist die Verdichtungsenergie größer gewählt worden, um den Versuch der Verdichtungskapazität der schweren Verdichtungsgeräte anzupassen, die heute beim Bau von Erddämmen und Rollfeldern eingesetzt werden.

Bei gröberem Korn sollten nach Möglichkeit größere Zylinder verwendet werden, wobei jedoch die Schlagarbeit pro Volumeneinheit unverändert bleibt.

Nachdem der Boden in den Zylinder eingebracht und in der vorgeschriebenen Weise verdichtet ist, wird der obere Zylinderteil vorsichtig entfernt und die Oberfläche der Probe so geglättet, daß die Bodenprobe die gleiche Höhe hat wie der untere Zylinderteil. Von dieser Probe wird das Trockenraumgewicht γ_t und der Wassergehalt w bestimmt.

Führt man den Versuch für mehrere verschiedene Wassergehalte (mindestens 5) durch und trägt man die so ermittelten Trockenraumgewichte in Abhängigkeit vom Wassergehalt im rechtwinkligen Koordinatensystem auf, so erhält man die charakteristische Proctorkurve (Abb.11.3), die bei einem ganz bestimmten Wassergehalt ein meistens ausgeprägtes Maximum für das Trockenraumgewicht zeigt.

Bei nichtbindigen oder schwachbindigen Böden ist die Proctorkurve nur schwach gekrümmt, das heißt, der Wassergehalt hat nur einen sehr geringen Einfluß auf das Trockenraumgewicht.

In die Proctordiagramme werden meistens noch die Sättigungslinien für verschiedene Sättigungsgrade eingezeichnet. Ein Punkt einer Sättigungslinie gibt an, wie groß der Wassergehalt für den entsprechenden Sättigungsgrad und das entsprechende Trockenraumgewicht ist. Die Schnittpunkte der Sättigungslinien mit den Proctorkurven ermöglichen es, unmittelbar den Sättigungsgrad des Bodens an dieser Stelle abzulesen.

Das Trockenraumgewicht bei beliebiger Wassersättigung läßt sich aus der Gl.(5.11), (2.18) und (4.5) bestimmen. Mit:

$$n = \frac{\varepsilon}{1+\varepsilon} \cdot 100 \quad ; \quad s_w = \frac{w \cdot \gamma_s}{\varepsilon} \quad (\%)$$

wird aus:

$$\gamma_t = \gamma_s \cdot \left(1 - \frac{n}{100}\right) \quad (t/m^3)$$

$$\gamma_t = \frac{\gamma_s}{1 + {}^{w}/_{s_w} \cdot \gamma_s} \quad (t/m^3) \qquad (11.1)$$

In der Gl.(11.1) ist für $\gamma_w = 1$ gesetzt. Die vollständige Gleichung lautet:

$$\gamma_t = \frac{\gamma_s \cdot \gamma_w}{\gamma_w + {}^{w}/_{s_w} \cdot \gamma_s} \quad (t/m^3) \qquad (11.2)$$

Trägt man im rechtwinkligen Koordinatensystem auf der vertikalen Koordinatenachse anstelle des Trockenraumgewichtes einen Wert auf, der im weiteren Verlauf als Proctorziffer:

$$p_r = \frac{\gamma_w}{\gamma_t} - \frac{\gamma_w}{\gamma_s} \qquad (11.3)$$

bezeichnet wird, so ergeben sich für die Sättigungslinien vom spezifischen Gewicht unabhängige gerade Linien, während vorher eine Sättigungslinie nur für ein ganz bestimmtes spezifisches Gewicht Gültigkeit hatte [siehe Gl. (11.1)]. Es ist nämlich nach Gl.(11.2):

$$\gamma_t \cdot \gamma_w = \frac{w}{s_w} \cdot \gamma_s \cdot \gamma_t = \gamma_s \cdot \gamma_w$$

$$\gamma_s \cdot \gamma_w - \gamma_t \cdot \gamma_w = \frac{w}{s_w} \cdot \gamma_s \cdot \gamma_t$$

und mit Gl.(11.3) sowie $\gamma_w = 1$ t/m^3:

$$\frac{\gamma_w}{\gamma_t} - \frac{\gamma_w}{\gamma_s} = \frac{1}{\gamma_t} - \frac{1}{\gamma_s} = p_r = \frac{w}{s_w} \qquad (11.4)$$

Da s_w für eine bestimmte Sättigungslinie eine Konstante ist, ergibt sich eine lineare Funktion $p_r = f(w)$. Die Proctorziffer ist eine dimensionslose Zahl, wie man sofort der Gl.(11.3) entnehmen kann.

Einmal gezeichnet, ist das Diagramm mit den Koordinatenachsen p_r und w (Abb.11.4) für alle Böden anwendbar, wodurch eine erhebliche Arbeitsersparnis erzielt wird, da keine Sättigungslinien mehr bestimmt werden müssen.

Die Proctorkurven zeigen im p_r-w-Diagramm wegen der Einführung reziproker Werte anstelle des Maximums ein Minimum. Für dieses Minimum kann die minimale Proctorziffer abgelesen werden.

Die Einführung der Proctorziffer hat den weiteren Vorteil, daß auch sofort für jeden optimalen Wassergehalt die zugehörige Porenziffer angegeben werden kann. Es ist:

$$\varepsilon_p = \min p_r \cdot \gamma_s \qquad (11.5)$$

denn:

$$\varepsilon = \gamma_s/\gamma_t - 1$$

und:

$$p_r \cdot \gamma_s = \left(\frac{1}{\gamma_t} - \frac{1}{\gamma_s}\right) \cdot \gamma_s = \frac{\gamma_s}{\gamma_t} - 1$$

Gleichermaßen einfach läßt sich der Sättigungsgrad s_w errechnen, denn nach Gl.(11.4) ist:

$$p_r = \frac{w}{s_w}$$

Also ist:

$$s_w = \frac{w_p}{\min p_r} \quad (\%) \qquad (11.6)$$

Die Proctordichte ist mit den Gl.(5.11) und (2.18):

$$\gamma_p = \frac{\gamma_s}{1 + \varepsilon_p} \quad (t/m^3) \qquad (11.7)$$

Für ε_p ist der Wert der Gl.(11.5) einzusetzen.

Tab.11.1 zeigt ferner eine Klassifizierung der Böden in Abhängigkeit von der Proctorziffer. Solange die Proctorziffer im Bereich von 0 bis 0,20 liegt, ist der Boden als Schüttmaterial gut zu gebrauchen. Die Wassergehalte liegen dann ebenfalls zwischen 0 und 0,20, das heißt zwischen 0 % und 20 %.

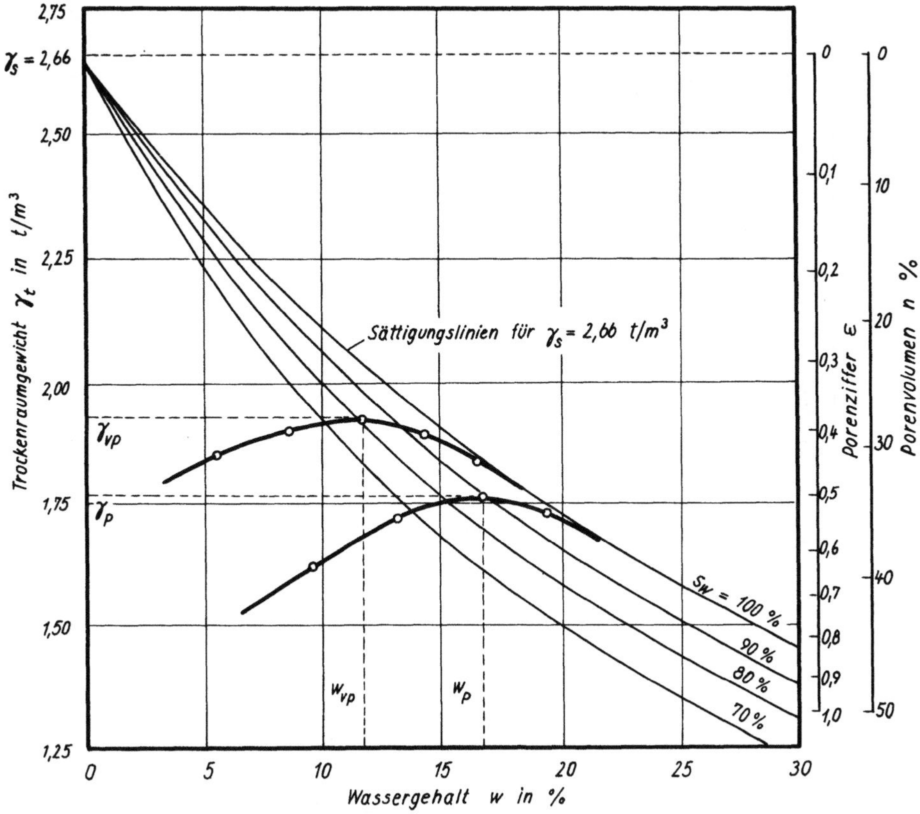

<u>Proctordichte :</u> γ_p = 1,768 t/m³

γ_{vp} = 1,924 t/m³

<u>Wassergehalt :</u> w_p = 16,8 %

w_{vp} = 10,5 %

Abb. 11.3 Einfache und verbesserte Proctorkurven eines sandigen Lehmes und Sättigungslinien für γ_s = 2,66 t/m³ (Aufgabe 38).

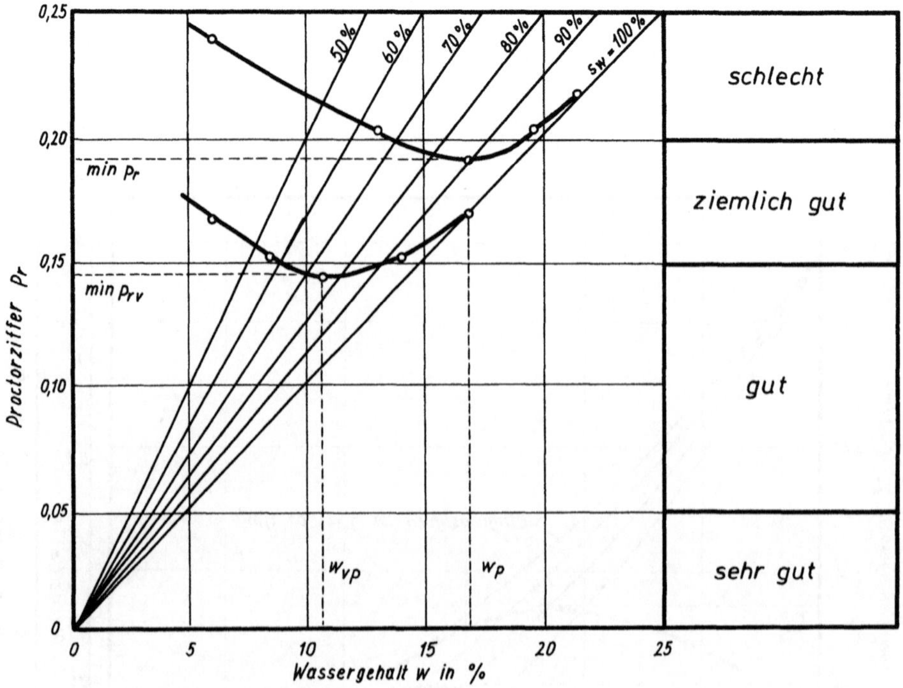

Einfacher Proctorversuch: $\min p_r = 0{,}190 \qquad w_p = 16{,}8\,\% = 0{,}168$

$$\varepsilon_p = \min p_r \cdot \gamma_s = 0{,}19 \cdot 2{,}66 = 0{,}505$$

$$s_w = \frac{w_p}{\min p_r} = \frac{0{,}168}{0{,}190} = 0{,}885 = 88{,}5\,\%$$

$$\gamma_p = \frac{\gamma_s}{1+\varepsilon} = \frac{2{,}66}{1{,}505} = 1{,}768 \quad t/m^3$$

Verbesserter Proctorversuch: $\min p_{rv} = 0{,}144 \qquad w_{pv} = 10{,}5\,\% = 0{,}105$

$$\varepsilon_{vp} = \min p_{rv} \cdot \gamma_s = 0{,}144 \cdot 2{,}66 = 0{,}383$$

$$s_w = \frac{w_{vp}}{\min p_{rv}} = \frac{0{,}105}{0{,}144} = 0{,}728 = 72{,}8\,\%$$

$$\gamma_{vp} = \frac{\gamma_s}{1+\varepsilon_{vp}} = \frac{2{,}66}{1{,}383} = 1{,}924 \quad t/m^3$$

Abb. 11.4 Auswertung eines einfachen und eines verbesserten Proctorversuches im p_r-w-Diagramm (Aufgabe 38).

Die Klassifizierung kann, wie die Abb.11.4 zeigt, in das p_r-w-Diagramm eingetragen werden. Die Eignung eines Bodens als Schüttmaterial läßt sich dann unmittelbar aus dem Diagramm ablesen.

Lösung

Im Proctordiagramm, Abb.11.3, sind für jeden Proctorversuch der Versuchsreihe 1 und 2 die Trockenraumgewichte und Wassergehalte aufgetragen und die so ermittelten Punkte durch die Proctorkurven für den einfachen und verbesserten Proctorversuch miteinander verbunden. Optimale Wassergehalte und Proctordichten sind im unteren Teil der Abbildung angegeben.

In der Abb.11.4 ist das p_r-w-Diagramm dargestellt. Die zur einfachen und verbesserten Proctordichte gehörenden Porenziffern, Wassergehalte und Sättigungsgrade sind nach den abgeleiteten Formeln errechnet und ebenfalls angegeben.

Wenn der Boden für den Bau eines Dammes Verwendung finden soll, so ist es günstiger, ihn mit der verbesserten Proctordichte einzubauen, denn die Scherfestigkeit ist in diesem Falle höher und die Porenwasserüberdrücke sind wegen des kleineren Sättigungsgrades geringer. Der Abb.11.4 entnimmt man sofort, daß der Boden mit der verbesserten Proctordichte eine gute Eignung zeigt, während er mit der einfachen Proctordichte bereits nahe an der Grenze der schlechten Eignung liegt.

Ergebnisse

Das Trockenraumgewicht ist um so größer, je kleiner infolge der Verdichtung das Porenvolumen der Bodenprobe wird. Zwei Widerstände stehen der Verkleinerung des Porenvolumens und der Umlagerung der Bodenkörner im Wege, das sind die Reibung der Bodenkörner gegeneinander und die Umwandlung eines Teiles des Verdichtungsdruckes in neutralen Druck des Porenwassers.

Wenn die Bodenprobe sehr trocken ist, ist der Reibungswiderstand sehr groß, die Umlagerung der Bodenkörner während der Verdichtung also sehr behindert. Wenn die Bodenprobe sehr naß ist, übernimmt das Porenwasser den größten Teil des Verdichtungsdruckes, der dadurch neutralisiert wird. Es bleibt also nur wenig Druck übrig, um die Bodenkörner gegeneinander zu verschieben.

Offensichtlich muß zwischen diesen beiden extremen Zuständen ein Sättigungsgrad liegen, bei dem die optimale Verringerung des Porenvolumens und somit ein optimales Trokkenraumgewicht erzielt wird.

Diese Tatsache führt zu den charakteristischen Proctorkurven mit einem maximalen Trockenraumgewicht bei einem ganz bestimmten Wassergehalt. Die Wassergehalte bei optimaler Proctordichte sind sehr unterschiedlich. Im allgemeinen kann man sagen, daß sie um so größer sind, je bindiger ein Boden ist. Wenn sie allerdings größer werden als w = 20 % (Abb.11.4), ist der Boden als Schüttmaterial nicht mehr geeignet. In bindigen Böden ist der optimale Wassergehalt etwa 2 % bis 4 % niedriger als die Ausrollgrenze. Abb.11.8 zeigt einige Proctorkurven für verschiedene Bodenarten, die diese Zusammenhänge deutlich erkennen lassen.

Der Anteil des Überkorns (ø >10 mm) eines Bodens kann die Proctordichte ebenfalls beeinflussen (GIBBS 1950, US Bureau of Reclamation 1960). Wenn der Anteil des Überkorns nicht größer ist als 30 %, so ergibt sich nach der Vermischung eine höhere Proctordichte. Die Proctordichte des Gesamtmaterials kann mit der Gl.(11.8) ermittelt werden:

$$\gamma_p' = \frac{\gamma_p \cdot \gamma_s}{P \cdot \gamma_p + (1-P) \cdot \gamma_s} \quad (t/m^3) \qquad (11.8)$$

γ_p' = Proctordichte des Gesamtmaterials in t/m^3

γ_s = Spezifisches Gewicht in t/m^3

P = Anteil des Überkorns (als Dezimale)

γ_p = Proctordichte in t/m³

In diesem Beispiel ist für den einfachen Proctorversuch:

$$\gamma_p' = \frac{1{,}768 \cdot 2{,}66}{0{,}07 \cdot 1{,}768 + 0{,}93 \cdot 2{,}66} = 1{,}81 \ t/m^3$$

Wenn der Anteil des Überkorns größer ist als 30 %, ist die tatsächlich erreichbare Dichte im Feld fast immer geringer als die berechnete Dichte.

Aufgabe 39 Eignung des natürlichen Untergrundes für Straßenbauzwecke

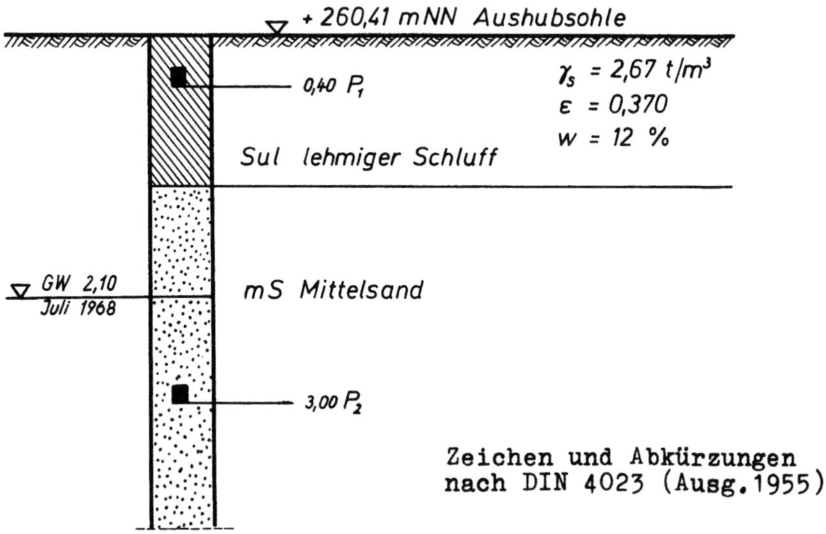

Abb.11.5 Ergebnisse einer Probebohrung.

Im Zuge einer Straßenplanung wurden Erkundungsbohrungen ausgeführt. Abb.11.5 zeigt das Ergebnis einer Erkundungsbohrung des Untergrundes im Bereich eines Einschnittes. In einer Tiefe von 0,40 m unter der Aushubsohle wurde eine ungestörte Bodenprobe entnommen, von der das spezifische Gewicht γ_s , die Porenziffer und der Wassergehalt w ermittelt wurden. Proctorversuche mit dem lehmigen Schluff haben das in Abb.11.6 dargestellte p_r-w-Diagramm ergeben.

Läßt sich mit den ermittelten Kennziffern feststellen, ob der Untergrund zum Bau der Straße geeignet ist?

Muß der Untergrund verdichtet werden?

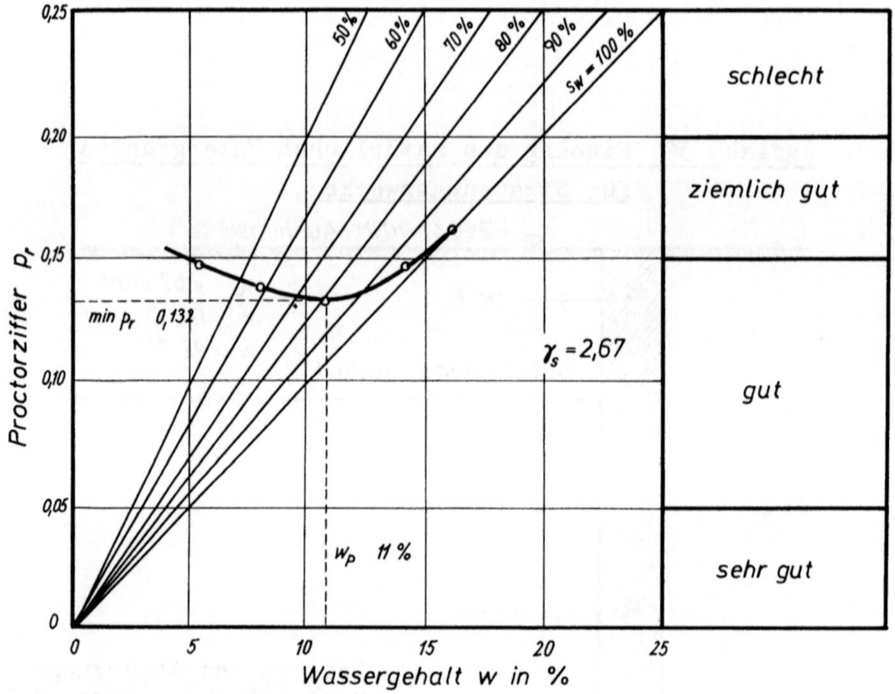

<u>Einfacher Proctorversuch:</u> min $p_r = 0{,}132$; $w_p = 11\,\%$

$$\varepsilon_p = \min\, p_r \cdot \gamma_s = 0{,}132 \cdot 2{,}67 = 0{,}352$$

$$s_w = \frac{0{,}11}{0{,}132} = 83{,}3\ \%$$

$$\gamma_p = \frac{\gamma_s}{1+\varepsilon_p} = \frac{2{,}67}{1{,}352} = 1{,}98\ t/m^3$$

Abb.11.6 Ergebnisse von Proctorversuchen mit lehmigem Schluff (Aufgabe 39).

Grundlagen

Nach den deutschen Vorschriften muß unter niveaugleichen oder im Einschnitt liegenden Straßen bis zu einer Tiefe von 50 cm unter der Aushubsohle bei bindigen Böden eine Dichte von mindestens 97 % der einfachen Proctordichte und bei nichtbindigen Böden mindestens 100 % der einfachen Proctordichte erreicht werden. Sind diese Werte im natürlichen Zustand nicht vorhanden, so ist der Untergrund entsprechend zu verdichten. Von den 50 cm Schichtdicke unterhalb der Aushubsohle müssen außerdem die obersten 20 cm besonders stark verdichtet werden (ZTVE-StB, 1965).

Bei bindigen Böden muß also folgende Bedingung eingehalten werden:

$$\frac{\gamma_n}{\gamma_p} \geqq 0{,}97$$

γ_n = Trockenraumgewicht im natürlichen Zustand
γ_p = Proctordichte

Mit der Gl. (11.7) ist auch:

$$\frac{\gamma_n}{\gamma_p} = \frac{1+\varepsilon_p}{1+\varepsilon_n} \geqq 0{,}97 \qquad (11.9)$$

ε_p = Porenziffer bei der Proctordichte
ε_n = Porenziffer im natürlichen Zustand

Wenn die Porenziffer bei der Proctordichte bestimmt ist, läßt sich mit der Gl.(11.9) nachprüfen, ob der Boden ohne Verdichtung für den Bau der Straße verwendet werden kann.

Lösung

Mit den gegebenen Kennziffern läßt sich feststellen, ob der Untergrund zum Bau einer Straße geeignet ist.

Die minimale Proctorziffer ist:

$$p_r = 0{,}132 \qquad \text{(Siehe Abb.11.6)}$$

Die Porenziffer bei der Proctordichte ist:

$$\varepsilon_p = 0{,}352 \qquad \text{(siehe Abb.11.6)}$$

Mit der Gl.(11.9) erhält man:

$$\frac{1 + 0{,}352}{1 + 0{,}370} = 0{,}98 > 0{,}97$$

Abgesehen von den obersten 20 cm kann der Untergrund also ohne vorherige Verdichtung zum Bau der Straße verwendet werden.

Wenn der Wassergehalt des natürlichen Bodens bekannt ist, läßt sich außerdem auch der Sättigungsgrad des Untergrundes angeben. Für einen Wassergehalt von w = 12 % ist mit $\gamma_t = 0{,}98 \cdot 1{,}98$

$$p_r = \frac{1}{\gamma_t} - \frac{1}{\gamma_s} = \frac{1}{0{,}98 \cdot 1{,}98} - \frac{1}{2{,}67} = 0{,}14$$

$$s_w = \frac{w}{p_r} = \frac{0{,}12}{0{,}14} = 86\,\%$$

Aufgabe 40 Eignung des natürlichen Bodens für den Kern eines Erddammes

Ein toniger Lehm wird als Material für den Kern eines Erddammes verwendet. Als Einbaudichte werden 95 % der verbesserten Proctordichte vorgeschrieben.

Der Wassergehalt des natürlichen Bodens wird täglich kontrolliert. Er betrug an dem Tage, für den diese Untersuchung Gültigkeit hat, w =11,5%.

Abb.11.7 zeigt das p_r-w-Diagramm des tonigen Lehmes. Die minimale Proctorziffer ist p_r = 0,182 und der optimale Wassergehalt w = 16 %. Das spezifische Gewicht ist γ_s = 2,69 t/m^3.

a) Kann der Boden mit dem natürlichen Wassergehalt ohne Zwischenbehandlung eingebaut und verdichtet werden, und wird die erforderliche Einbaudichte erzielt?

b) Wie groß wird die verbesserte Proctorziffer des natürlichen Bodens nach der Verdichtung?

c) Wieviel Prozent der verbesserten Proctordichte können bei dem natürlichen Wassergehalt erreicht werden?

d) Welchen Sättigungsgrad hat der Boden beim natürlichen Wassergehalt nach der Verdichtung, vorausgesetzt, daß die Verdichtungsenergie der des Proctorversuches annähernd entspricht?

Grundlagen

Zunächst muß die Proctorziffer bestimmt werden, für die der gewünschte Prozentsatz der verbesserten Proctordichte vorhanden ist. Mit Gl.(11.7) ist:

$$\frac{\hat{\gamma}_t}{\gamma_{vp}} = \frac{1 + \varepsilon_{vp}}{1 + \hat{p}_r \cdot \gamma_s} = P \qquad (11.10)$$

P = geforderter Prozentsatz

$\hat{\gamma}_t$ = Mindestwert der Einbaudichte

γ_{vp} = verbesserte Proctordichte

ε_{vp} = Porenziffer bei der verbesserten Proctordichte

p_r = Proctorziffer bei der Einbaudichte

Eine Horizontale durch p_r schneidet die Proctorkurve in zwei Punkten (Abb.11.7). Der Punkt links des optimalen Wassergehaltes ergibt den minimalen Wassergehalt und der Schnittpunkt rechts des optimalen Wassergehaltes den maximalen Wassergehalt, die nicht unterschritten oder überschritten werden dürfen, wenn der geforderte Prozentsatz der verbesserten Proctordichte eingehalten werden soll.

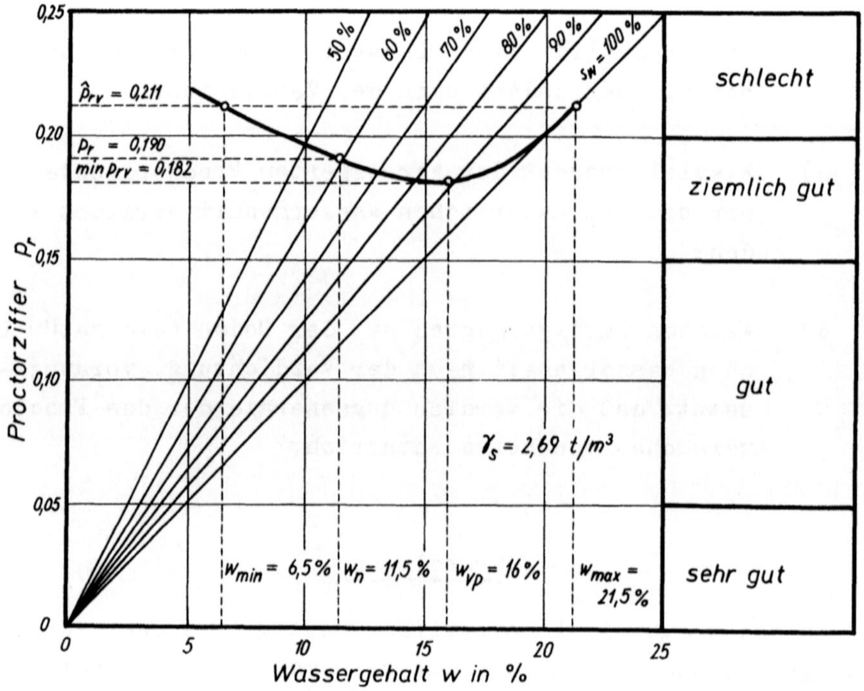

<u>Verbesserte Proctordichte:</u> $\min p_{rv} = 0,182$; $w_{vp} = 16$ %

$$\varepsilon_{vp} = \min p_{rv} \cdot \gamma_s = 0,183 \cdot 2,69 = 0,489$$

$$s_w = \frac{0,16}{0,182} = 88\ \%$$

$$\gamma_{vp} = \frac{\gamma_s}{1 + \varepsilon_{vp}} = \frac{2,69}{1,489} = 1,81\ t/m^3$$

Abb.11.7 p_r-w-Diagramm aus verbesserten Proctor-Versuchen mit einem tonigen Lehm (Aufgabe 40).

Lösung

Mit der Gl.(11.10) ist:

$$\frac{1+\varepsilon_{vp}}{1+\hat{p}_r\cdot\gamma_s} = \frac{1+0{,}489}{1+\hat{p}_r\cdot 2{,}69} = 0{,}95$$

$$1{,}489-0{,}95 = 0{,}95\cdot 2{,}69\cdot\hat{p}_r$$

$$\hat{p}_r = \frac{1{,}489-0{,}95}{0{,}95\cdot 2{,}69} = 0{,}211$$

Dem p_r-w-Diagramm entnimmt man:

$$w_{min} = 6{,}5\ \% \text{ und } w_{max} = 21{,}5\ \%$$

a) Der Boden kann ohne Zwischenbehandlung eingebaut werden, denn der natürliche Wassergehalt beträgt in diesem Beispiel w = 11,5 %, und somit ist:

$$6{,}5 \leqq w = 11{,}5 \leqq 21{,}5\ \%$$

Mit w = 11,5 % ist außerdem $p_r < 0{,}20$. Der Boden ist zur Verdichtung gut geeignet.

b) Mit einem Wassergehalt von w = 11,5 % ist die verbesserte Proctorziffer nach der Verdichtung:

$$p_r = 0{,}190 \quad \text{(siehe Abb.11.7)}$$

und die Porenziffer:

$$\varepsilon = p_r\cdot\gamma_s = 0{,}19\cdot 2{,}69 = 0{,}511$$

c) Aus der Gl.(11.10) kann die Einbaudichte beim natürlichen Wassergehalt und gleicher Verdichtungsenergie errechnet werden:

$$\frac{\gamma_t}{\gamma_{vp}} = \frac{1+\varepsilon_{vp}}{1+\varepsilon} = \frac{1{,}489}{1{,}511} = 0{,}985$$

Die Einbaudichte beträgt 98,5 % der verbesserten Proctordichte.

d) Der Sättigungsgrad nach der Verdichtung beträgt mit Gl.(11.6):

$$s_w = \frac{w}{p_r} = \frac{0{,}115}{0{,}190} = 61\ \%$$

Ergebnisse

Mit einem Sättigungsgrad von s_w = 61 %, einer Einbaudichte von 98,5 % der verbesserten Proctordichte und der Verwendbarkeit im natürlichen Zustand kann man den tonigen Lehm sowohl in technischer als auch in wirtschaftlicher Hinsicht als ein ausgezeichnetes Schüttmaterial für den Kern des Dammes bezeichnen.

Für den Bau von Straßendämmen gelten in Deutschland die Richtlinien der ZTVE-StB (1965),(siehe Tab.11.2). Die im Ausland geltenden Richtlinien für den Bau von Straßendämmen weichen nur unwesentlich von den in der Tab.11.2 gegebenen Werten ab.

11.2 Berechnungstafeln und Zahlenwerte

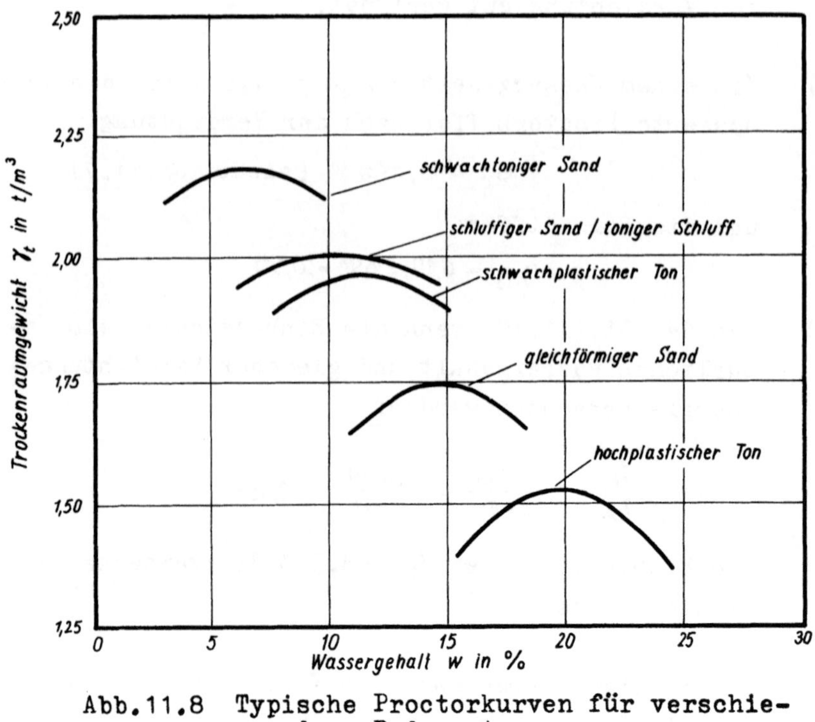

Abb.11.8 Typische Proctorkurven für verschiedene Bodenarten.

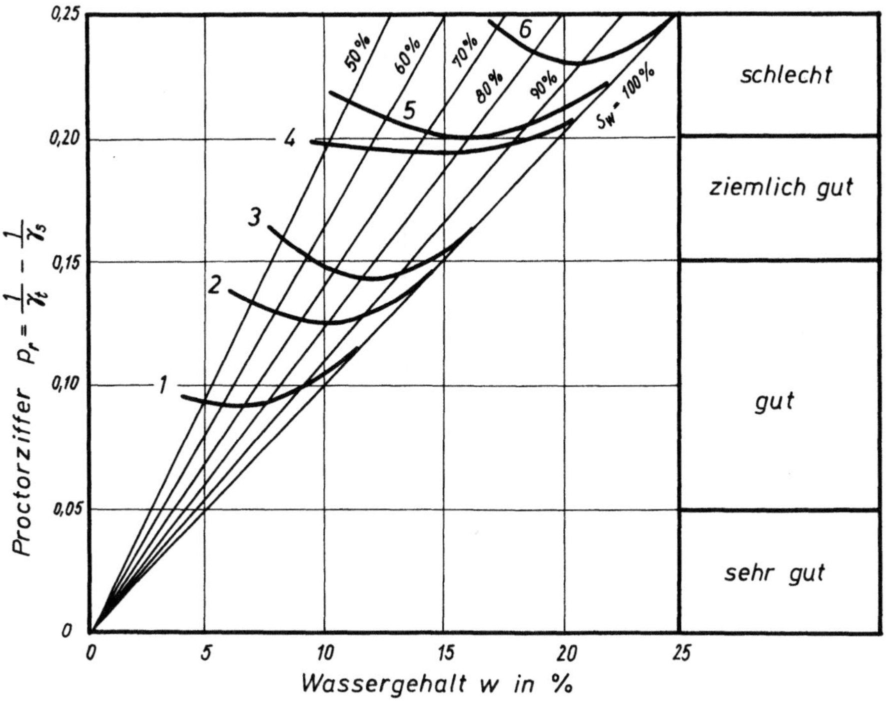

1 = schwachtoniger Sand
2 = schluffiger Sand/toniger Schluff
3 = schwachplastischer Ton
4 = gleichförmiger Sand
5 = Schluff
6 = hochplastischer Ton

Abb.11.9 Typische p_r-w-Kurven für verschiedene Hauptbodenarten.

Minimale Proctorziffer min p_r	Proctordichte in t/m³		Eignung
	γ = 2,65 t/m³	γ = 2,80 t/m³	
0 - 0,05	2,65 - 2,35	2,80 - 2,45	sehr gut
0,05 - 0,15	2,35 - 1,90	2,45 - 1,95	gut
0,15 - 0,20	1,90 - 1,75	1,95 - 1,80	ziemlich gut
0,20 - 0,25	1,75 - 1,60	1,80 - 1,65	schlecht
0,25	1,60	1,65	sehr schlecht

Tabelle 11.1 Eignung von Böden als Schüttmaterial.

Schicht		Einbaudichte / einfache Proctordichte (%)	
		bindige Böden	nichtbindige Böden
Bis 2 m unter Fahrbahnoberkante	Höhe < 6 m	92	95
	Höhe > 6 m	95	95
Bis 20 cm unter Unterkante Unterbau		97	100
Unterbau (U > 7)	leichter Verkehr	----	100
	mittlerer bis schwerer Verkehr	----	103

Tabelle 11.2 Für Straßendämme nach ZTVE-StB (1965) erforderliche Verhältnisse zwischen Einbaudichte und einfacher Proctordichte.

11.3 Literatur

PROCTOR (1933) Design and construction of rolled earth dams. Eng.News Rec. 111, S.254.

HOLTZ (1948) The determination of limits for the control of placement moisture in high rolled earth dams. Proc. ASTM 48, S.1343.

GIBBS (1950) The effect of rock content and placement density on consolidation and related pore pressure in embankment construction. Proc. ASTM 50, S.1343.

CASAGRANDE (1951) Notes on the design of earth dams. Harvard Univ. Soil Mech. Series No. 35.

GOULD (1953) The compressibility of rolled fill materials determined from field observations. Proc. III. Int. Conf.Soil Mech.Found.Eng. Zürich, Bd.II, S.239.

VOSS (1956) Die Bodenverdichtung im Straßenbau. Düsseldorf.

VOSS (1961) Lagerungsdichte und Tragwerte von Böden bei Straßenbauten. Straße und Autobahn 12, S.115.

BRAND/FLOSS (1965) Der Proctorversuch als Eignungsprüfung und Maßstab für die Güteprüfung. Möglichkeiten und Grenzen. Straße und Autobahn 16, S.16.

ZTVE-StB (1965) Zusätzliche technische Vorschriften und Richtlinien für Erdarbeiten im Straßenbau.

SCHULTZE/MUHS (1967) Bodenuntersuchungen für Ingenieurbauten, 2. Aufl. Springer-Verlag Berlin-Heidelberg-New York, S. 406.
BÖLLING (1970) Die Anwendung der Proctorziffer bei der Auswertung von Proctorversuchen. Straße und Autobahn 7, S.275.

12. Klassifizierung von Böden

12.1 Aufgaben

Aufgabe 41 Dreiecksnetze

Zu welcher Bodenklasse gehört der Boden, der in der Kornverteilungskurve, Abb.12.2, dargestellt ist:

a) Nach dem Dreiecksnetz gemäß dem US Bureau of Public Roads?

b) Nach dem Dreiecksnetz von PIETKOWSKI (1948)?

Grundlagen

Die Abb.12.5 und 12.6 zeigen zwei Dreiecksnetze. Abb.12.5 stellt das Dreiecksnetz des US Bureau of Public Roads und Abb.12.6 das Dreiecksnetz von PIETKOWSKI dar. Die Dreiecksnetze sind in verschiedene Bereiche eingeteilt. Jeder Bereich entspricht einer bestimmten Bodenklasse.

Um eine Bodenklasse aus einem Dreiecksnetz bestimmen zu können, muß zunächst die Kornverteilungskurve des Bodens ermittelt werden. Aus der Kornverteilungskurve entnimmt man dann die Anteile in Gewichtsprozent des Sandes, Schluffes und Tones und trägt sie auf den entsprechenden Seiten des Dreiecksnetzes ab. Angenommen, eine Siebanalyse habe folgende Anteile ergeben:

Sand...... 30 %
Schluff... 50 %
Ton....... 20 %

so erhält man auf der Dreieckseite "Schluff" für 50 % den Punkt A, auf der Dreieckseite "Ton" für 20 % den Punkt B und auf der Dreieckseite "Sand" für 30 % den Punkt C (Abb.12.1).

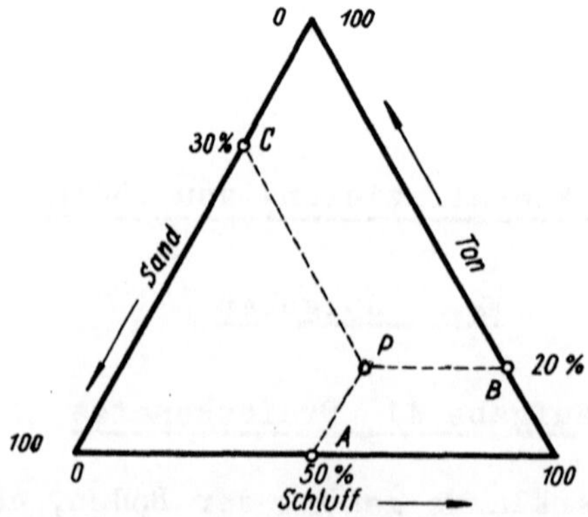

Abb.12.1 Ermittlung einer Bodenklasse aus dem Dreiecksnetz.

Nun zieht man, wie in Abb.12.1 dargestellt, durch A eine Parallele zur Dreieckseite "Sand", durch B eine Parallele zur Dreieckseite "Schluff" und durch C eine Parallele zur Dreieckseite "Ton". Die drei Geraden müssen sich in einem gleichseitigen Dreieck in einem Punkt (P) treffen, wenn die Summe aller Anteile 100 % ist und die Seitenlänge des gleichseitigen Dreiecks ebenfalls 100 % beträgt(KEZDI 1959). Der Bereich, in den der so bestimmte Punkt fällt, gibt die gesuchte Bodenklasse an.

Verwendet man das Dreiecksnetz des US Bureau of Public Roads (Abb.12.5), so sind die Anteile nach der ASTM-Korngrößeneinteilung (ASTM Designation: D 422 - 61 T) zu bestimmen. PIETKOWSKY (1948) geht von drei anderen Korngruppen aus, die an den Seiten des Dreiecksnetzes, Abb.12.6, angegeben sind.

Lösung

a) Nach der ASTM-Korngrößeneinteilung ist gemäß Abb.12.2 der Anteil an:
Sand (d > 0,074 mm) (Sieb Nr. 200) = 52 %

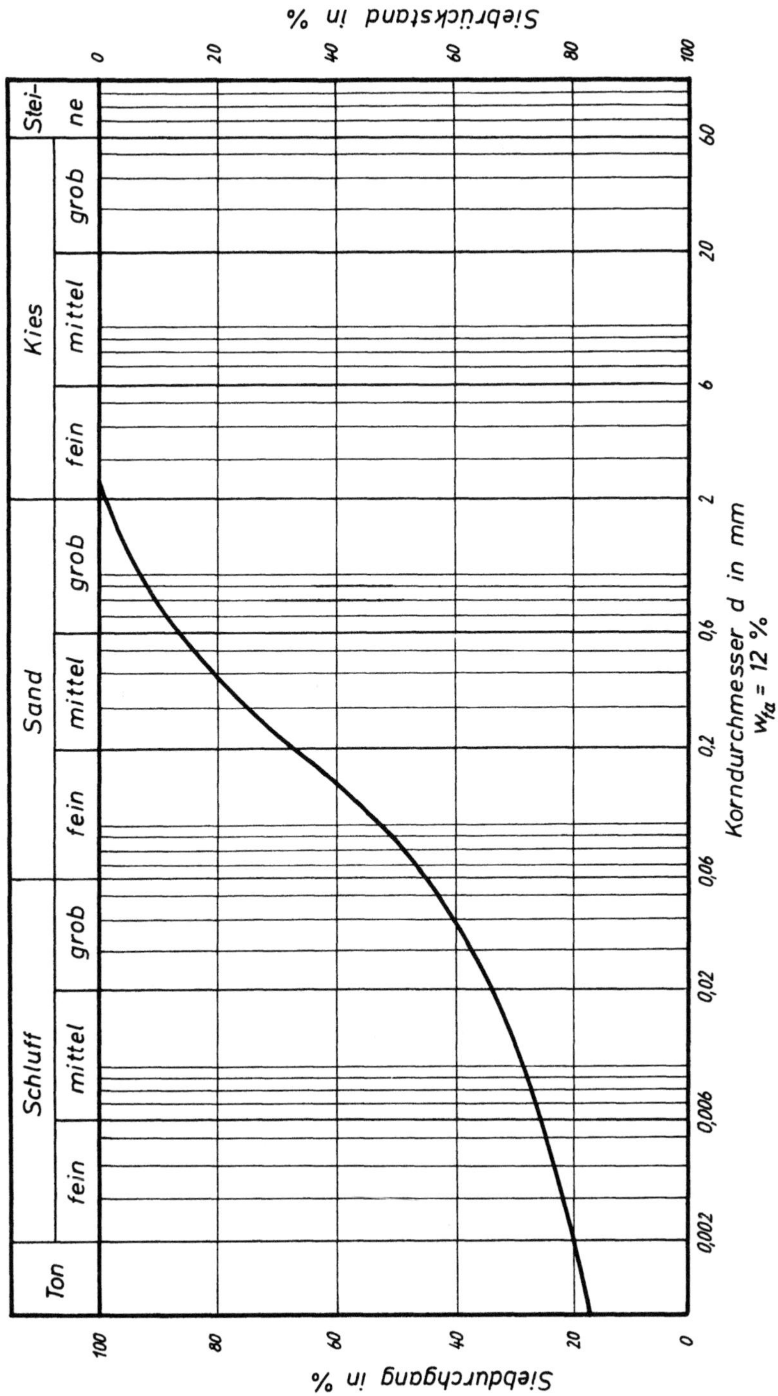

Abb.12.2 Kornverteilungskurve eines Tones.

Schluff (d = 0,005 - 0,074 mm)	= 23 %
Ton (d < 0,005 mm)	= 25 %
Insgesamt:	= 100 %

Der Abb.12.5 entnimmt man als Bodenklasse:

sandiger toniger Lehm.

b) Der Kornverteilungskurve, Abb.12.2, entnimmt man die Anteile:

d > 0,1 mm	= 47 %
d = 0,006 - 0,1 mm	= 27 %
d < 0,006 mm	= 26 %
Insgesamt:	= 100 %

Der Abb.12.6 entnimmt man als Bodenklasse:

Schluff.

Ergebnisse

Hier wird deutlich, wie unterschiedlich die Ergebnisse sein können, wenn neben der Kornverteilung keine zusätzliche Angabe über die Plastizität des Bodens gemacht wird.

Ein Boden mit der gleichen Kornverteilung wie in Abb.12.2, jedoch mit einer Plastizitätszahl von w_{fa}= 4 %, gehört nach der DIN 18 196 (Tab.12.2) und nach dem US Unified Classification System tatsächlich zur Gruppe des Schluffs. Seine Klassifizierung nach dem Dreiecksnetz von PIETKOWSKY wäre mit der Klassifizierung nach der DIN 18 196 identisch. Da der hier untersuchte Boden aber eine höhere Plastizitätszahl (w_{fa} = 12 %) hat, kann er nicht mehr als Schluff bezeichnet werden.

Wenn sich aus dem Dreiecksnetz eine von der DIN 18 196 oder von dem US Unified Classification System abweichende Bezeichnung ergibt, so wird dadurch im wesentlichen ein Untermerkmal angedeutet. So dürfte der hier untersuchte

Boden vollständig klassifiziert am besten als:

leichtplastischer schluffiger Ton (TL)

bezeichnet werden.

Die Klassifizierung allein nach dem Dreiecksnetz führt oft zu unvollständigen und manchmal auch zu fehlerhaften Bezeichnungen und sollte möglichst vermieden werden.

Aufgabe 42 Gruppenindex

Abb.12.3 zeigt die Kornverteilung von drei verschiedenen Böden. Die Plastizitätszahlen und Fließgrenzen der einzelnen Böden sind:

Boden A: $w_{fa} = 21\ \%$, $w_f = 45\ \%$
Boden B: $w_{fa} = 14\ \%$, $w_f = 25\ \%$
Boden C: $w_{fa} = 3\ \%$, $w_f = 12\ \%$.

Welchen Gruppenindex hat jeder der drei Böden?

Grundlagen

Der Gruppenindex ist eine für jeden Bodentyp charakteristische Zahl, die sich aus der folgenden Gleichung bestimmen läßt:

$$I = 0{,}2a + 0{,}005ac + 0{,}01bd \qquad (12.1)$$

a = Der Anteil an Körnungen in Prozent des Gesamtgewichtes, der das Sieb Nr. 200 (d = 0,074 mm) passiert und größer ist als 35 %, aber 75 % nicht überschreitet, ausgedrückt durch eine ganze positive Zahl zwischen 0 und 40.

b = Der Anteil an Körnungen in Prozent des Gesamtgewichtes, der das Sieb Nr. 200 passiert und größer ist als 15 %, aber 55 % nicht überschreitet, ausgedrückt durch eine ganze positive Zahl zwischen 0 und 40.

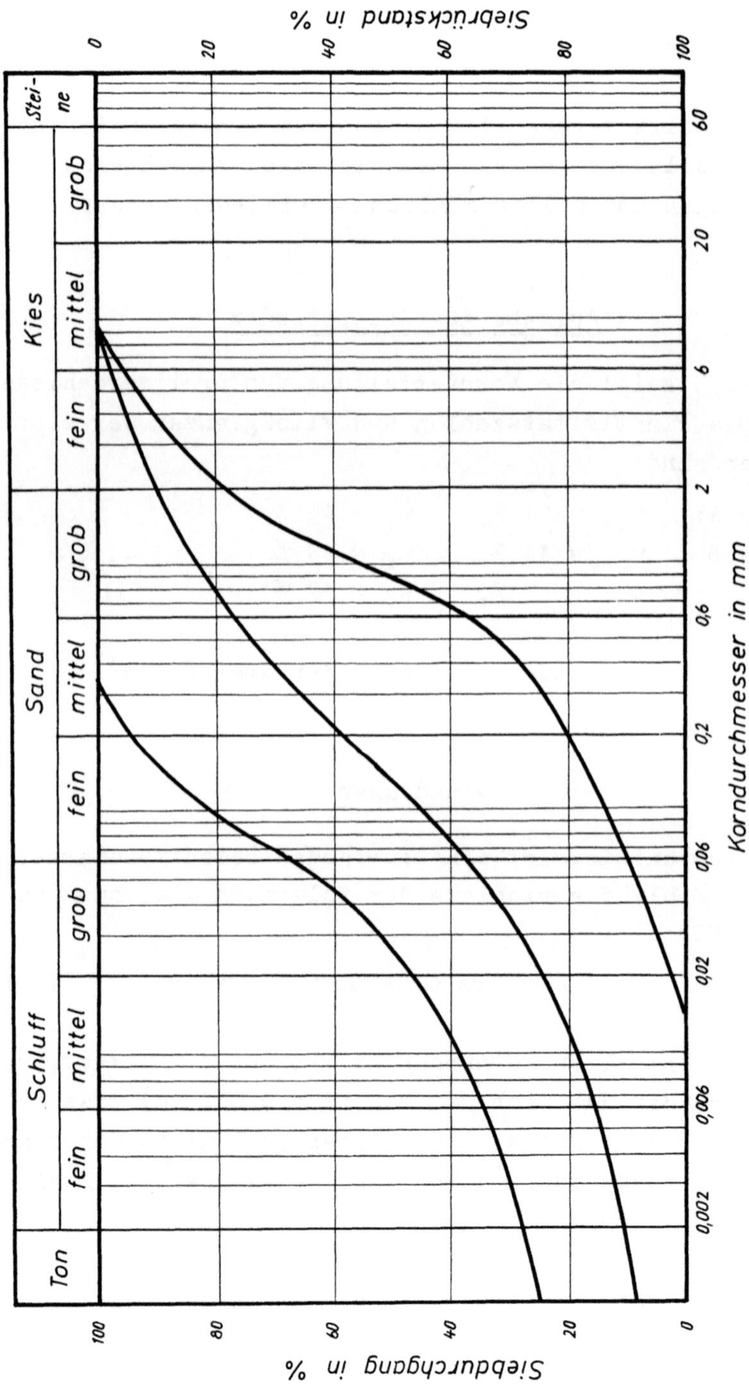

Abb.12.3 Kornverteilungskurven verschiedener Böden (Aufgabe 42).

c = Der Anteil der Fließgrenze w_f, der größer ist als 40 %, aber 60 % nicht überschreitet, ausgedrückt durch eine ganze positive Zahl zwischen 0 und 20.

d = Der Anteil der Plastizitätszahl w_{fa}, der größer ist als 10 %, aber 30 % nicht überschreitet, ausgedrückt durch eine ganze positive Zahl zwischen 0 und 20.

In der Abb.12.4 ist die Gl.(12.1) für verschiedene Werte graphisch ausgewertet. Aus Abb.12.4 a kann der erste Teil der Gleichung:

$$0{,}2a + 0{,}005ac$$

und aus Abb.12.4b der zweite Teil:

$$0{,}01\ bd$$

abgegriffen werden. Die Summe der beiden Teile ergibt den gesuchten Gruppenindex I.

Lösung

Boden A: Anteil an Körnungen $< 0{,}074$ mm = 70 %

Der Abb.12.4a entnimmt man für w_f = 45 %:

$$0{,}2a + 0{,}005 \cdot ac = 7{,}8$$

Der Abb.12.4b entnimmt man für w_{fa} = 21 %:

$$0{,}01 \cdot bd = 4{,}4$$

Der Gruppenindex ist also:

$$I = 7{,}8 + 4{,}4 = 12{,}2$$

Boden B: Anteil an Körnungen $< 0{,}074$ mm = 40 %, a = 5 und c = 0.

$$0{,}2\ a + 0{,}005 \cdot ac = 0{,}1$$

b = 25 und d = 4,

$$0{,}01 \cdot bd = 0{,}01 \cdot 25 \cdot 4 = 1$$

Der Gruppenindex ist also:

$$I = 0{,}1 + 1{,}0 = 1{,}1$$

Boden C: Anteil an Körnungen < 0,074 mm = 10 %.

$a = 0$ und $c = 0$.

$$0{,}2\,a + 0{,}005 \cdot ac = 0$$

$b = 0$ und $d = 0$.

$$0{,}01 \cdot bd = 0$$

Der Gruppenindex ist also $I = 0$.

12.2 Literatur

HOGENTOGLER/TERZAGHI (1929) Interrelationship of load, road and subgrade. Publ.Roads 10, S.37.

ALLEN (1945) Report of committee on classification of materials for subgrades and granular type roads. Proc. Highway Research Board 25.

PIETKOWSKY (1948) Unified classification of soils. II. Inter.Conf.Soil Mech. Found.Eng. Rotterdam, Bd.V, S.313.

CASAGRANDE (1948) Classification and identification of soils. ASCE 113, S.901.

WATERWAYS EXPERIMENT STATION (1953) The unified soil classification system. Technical Memorandum 3-357. Vicksburg/Miss.

DIN 4023 (1955) Baugrund- und Wasserbohrungen. Zeichnerische Darstellung der Ergebnisse.

DIN 18 300(1955) Erdarbeiten.

KÜHN (1958) Bodenuntersuchungen im maschinellen Erdbau. Baumaschine und Bautechnik 5, S.33.

ZTVE-Lk (1959) Zusätzliche technische Vorschriften für Erdarbeiten im Landeskulturbau. Deutscher Normenausschuß.

KEZDI (1959) Bodenmechanik I. Akadémiai Kiadó, Budapest, S. 101.

BUREAU OF RECLAMATION (1960) Earth manual. Denver.

ASTM (1964) Designation: D 422 - 61 T. "Grain size analysis of soils."

DIN 18 196 (Entwurf 1967) Bodenklassifizierung für bautechnische Zwecke und Methoden zum Erkennen von Bodengruppen.

SCHULTZE/MUHS (1967) Bodenuntersuchungen für Ingenieurbauten, 2. Aufl. Springer-Verlag Berlin-Heidelberg-New York.

12.3 Berechnungstafeln und Zahlenwerte

Erkennungsmerkmale (ausschließlich der Anteile > 76,2 mm)				Symbole	Typische Bezeichnung
Grobböden: Mehr als 50 % des Bodens > 0,074mm	Kiese: Mehr als 50 % des Groban - teils > 4,8 mm	Reine Kiese: Weniger als 5 % < 0,074mm	Ungleichförmiger Kornaufbau: "Gutgekörnt"	GW	"Gutgekörnte" Kiese und Kies-Sand-Gemische
			Vorherrschen einer Korngröße: "Schlechtgekörnt"	GP	"Schlechtgekörnte" Kiese und Kies-Sand-Gemische
		Verunreinigte Kiese: Mehr als 12 % < 0,074mm	Der Feinanteil ist schluffig	GM	Schluffige Kiese, "schlechtgekörnte" Kies-Sand-Schluffe
			Der Feinanteil ist tonig	GC	Tonige Kiese, "schlechtgekörnte" Kies-Sand-Tone
	Sande: Mehr als 50 % des Groban - teils < 4,8 mm	Reine Sande: Weniger als 5 % < 0,074mm	Ungleichförmiger Kornaufbau: "Gutgekörnt"	SW	"Gutgekörnte" Sand und Sand-Kies-Gemische
			Vorherrschen einer Korngröße: "Schlechtgekörnt"	SP	"Schlechtgekörnte" Sande und Sand-Kies-Gemische
		Verunreinigte Sande: Mehr als 12 % < 0,074mm	Der Feinanteil ist schluffig	SM	Schluffige Sande, "schlechtgekörnte" Sand-Schluff-Gemische
			Der Feinanteil ist tonig	SC	Tonige Sande, "schlechtgekörnte" Sand-Ton-Gemische

Tabelle 12.1 Klassifizierung von Böden nach dem US Unified Soil Classification System.

Feinböden: Mehr als 50 % < 0,074mm	Schwachplastische Schluffe und Tone: Fließgrenze < 50 %	Der Feinanteil ist Schluff	ML	Schluffige und sehr feine Sande, Gesteinsmehl, schluffige oder tonige Feinsande mit geringer Plastizität
		Der Feinanteil ist Ton	CL	Tone mit geringer bis mittlerer Plastizität, kiesige oder sandige Tone, schluffige Tone, leichte Tone
		-----	OL	Organische Schluffe und organische Schluff-Tone mit geringer Plastizität
	Plastische und hochplastische Schluffe und Tone: Fließgrenze>50%	Der Feianteil ist Schluff	MH	Schluffe und schluffige Böden mit mittlerer bis hoher Plastizität
		Der Feinanteil ist Ton	CH	Tone mit sehr hoher Plastizität
		----	OH	Organische Tone mit mittlerer bis hoher Plastizität
Starkorganische Böden		Dunkle Farbe, Geruch, faserige Textur, schwammig	---	Torf und andere stark organische Böden

Tabelle 12.1 Fortsetzung.

			Erkennungsmerkmale des Kornaufbaues	Symbol
Grobkörnige Böden: Mehr als 60 % > 0,06mm	Kiese(G): Mehr als 40 % > 2,0mm	Reine Kiese und Kies-Sand-Gemische: Weniger als 5 % < 0,06mm	Enggestufte Kieskorn-Gemische bis extrem gestufte Kiese mit steiler Kornverteilungslinie infolge Vorherrschens eines Kornbereiches	GE
			Weitgestufte Kies-Sandkorn-Gemische mit über mehrere Korngrößenbereiche kontinuierlich verlaufender Kornverteilungslinie	GW
			Intermittierend gestufte Kies-Sandkorn-Gemische mit treppenartig verlaufender Kornverteilungslinie infolge Fehlens eines oder mehrerer Korngrößenbereiche	GI
	Sande(S): Mehr als 60 % < 2,0mm	Reine Sande und Sand-Kies-Gemische: Weniger als 5 % < 0,06mm	Enggestufte Sandkorn-Gemische bis extrem gestufte Sande mit steiler Kornverteilungslinie infolge Vorherrschens eines Sandkornbereiches	SE
			Weitgestufte Sand-Kies-Gemische mit kontinuierlich verlaufender Kornverteilungslinie infolge gleichmäßigen Vorhandenseins mehrerer Korngrößenbereiche	SW
			Intermittierend gestufte Sand-Kies-Gemische mit treppenartig verlaufender Kornverteilungslinie infolge Fehlens eines oder mehrerer Korngrößenbereiche	SI

Tabelle 12.2 Bodenklassifikation für bautechnische Zwecke und Methoden zum Erkennen von Bodengruppen (DIN 18 196, Entwurf 1967).

			Erkennungsmerkmale des Kornaufbaues		Symbol
Grob-und feinkörnig gemischte Böden: Mehr als 60 % > 0,06mm	Kies-Schluff- und Kies-Ton-Gemische: Mehr als 5 % < 0,06mm	Kiese(G): Mehr als 40 % > 2,0mm	Weit-oder auch intermittierend gestufte Kies-Schluff-Gemische. Der Feinkornanteil ist schluffig	Der Feinkornanteil < 0,06 mm beträgt 5 - 15 %	GU
				Der Feinkornanteil < 0,06 mm beträgt 15 - 40 %	GU
			Weit-oder auch intermittierend gestufte Kies-Ton-Gemische. Der Feinkornanteil ist tonig	Der Feinkornanteil < 0,06 mm beträgt 5 - 15 %	GT
				Der Feinkornanteil < 0,06 mm beträgt 15 - 40 %	GT
	Sand-Schluff- und Sand-Ton-Gemische: Mehr als 5 % < 0,06mm	Sande(S): Mehr als 60 % < 2,0mm	Weit-oder auch intermittierend gestufte Sand-Schluff-Gemische. Der Feinkornanteil ist schluffig	Der Feinkornanteil < 0,06 mm beträgt 5 - 15 %	SU
				Der Feinkornanteil < 0,06 mm beträgt 15 - 40 %	SU
			Weit-oder auch intermittierend gestufte Sand-Ton-Gemische. Der Feinkornanteil ist tonig	Der Feinkornanteil < 0,06 mm beträgt 5 - 15 %	ST
				Der Feinkornanteil < 0,06 mm beträgt 15 - 40 %	ST

Tabelle 12.2 Fortsetzung.

			Feldmäßige Erkennungsmerkmale der Kohäsion			Symbol
			Trockenfestigkeit	Dilatanzreaktion	Kohärenz bei der Ausrollgrenze	
Feinkörnige Böden: Mehr als 40 % $<0,06$mm	Schluffe: Plastizitätszahl <4 oder unterhalb der A-Linie im Plastizitätsdiagramm	leichtplastisch, Fließgrenze $<35\%$	keine bis leichte	mittlere bis schnelle	mürbe	UL
		mittel- bis hochplastisch, Fließgrenze $>35\%$	mäßige	mittlere	weiche	UM
	Tone: Plastizitätszahl >7 und oberhalb der A-Linie im Plastizitätsdiagramm	leichtplastisch, Fließgrenze $<35\%$	mäßige bis große	keine bis sehr langsame	harte	TL
		mittelplastisch, Fließgrenze $>35\%$	große	keine	harte bis sehr harte	TM
		hochplastisch, Fließgrenze $>50\%$	ausgezeichnete	keine	sehr harte	TA

Tabelle 12.2 Fortsetzung.

			Erkennungsmerkmale	Symbol
Organogene (unter Mitwirkung von Organismen gebildete) und anorganische Böden mit organischen Beimengungen, meist nicht brennbar	Grob - bis gemischtkörnige Böden mit oder ohne Feinkornanteil < 0,06mm bis 40 %	Beimengungen pflanzlicher (humoser) Art bis 20%	Kiese, Sande, Sand-Kies-Gemische mit oder ohne Feinkornanteil mit meist dunkler Färbung, Modergeruch	OH
		Beimengungen nichtpflanzlicher Art, wie kalkige, kieselige oder ähnliche Bildungen	Kiese, Sande, Sand-Kies-Gemische mit oder ohne Feinkornanteil von meist heller Färbung, von oft leichtem Gewicht und großer Porosität	OK
	leicht-bis hochplastische feinkörnige Böden, meist unterhalb der A-Linie im Plastizitätsdiagramm mit einem Feinkornanteil unter 0,06 über 40%	Schluffe mit organischen Beimengungen und organogene Schluffe $w_f < 50\%$	Mäßige Trockenfestigkeit, langsame bis sehr schnelle Dilatanzreaktion, Ausrollkrümel mürbe bis weich	OU
		Tone mit organischen Beimengungen und organogene Tone $w_f > 50\%$	Hohe Trockenfestigkeit, keine Dilatanzerscheinung, Ausrollkrümel hart	OT

Tabelle 12.2 Fortsetzung.

		Erkennungsmerkmale	Symbol
Organische Böden, meist brennbar	An Ort und Stelle aufgewachsene (sedentäre), aus verschiedenen Pflanzengesellschaften bestehende Humusbildung, Torfe	Faserige oder holzreiche Torfe von hellbrauner bis brauner Farbe, nicht bis mäßig zersetzt (Zersetzungsgrad 1-5)	HN
		Zersetzte bis völlig zersetzte Torfe von schwarzbrauner bis schwarzer Farbe (Zersetzungsgrad 6-10)	HZ
	Unter Wasser abgesetzte (sedimentäre), aus Pflanzenresten, Kot und Mikroorganismen bestehende, oft von Sand, Ton und Kalk durchsetzte Schlamme, Mudden (Faulschlamm, Gyttja, Dy, Saprobel)	Meist dunkel bis blauschwarz gefärbte und grünlich bis gelbbraune Schlamme von meist federnder Konsistenz. In dieser Hinsicht verhalten sie sich wie Gelatinepudding bzw.wie nasser Quark	F
Auffüllungen	Auffüllungen aus Böden. Zu klassifizieren nach der Bodeneinteilung. Die jeweiligen Symbole sind in [ ] zu setzen		[ ]
	Auffüllungen aus Fremdstoffen (Müll, Schlacke, Bauschutt, Abfälle u.ä.)		A

Tabelle 12.2 Fortsetzung.

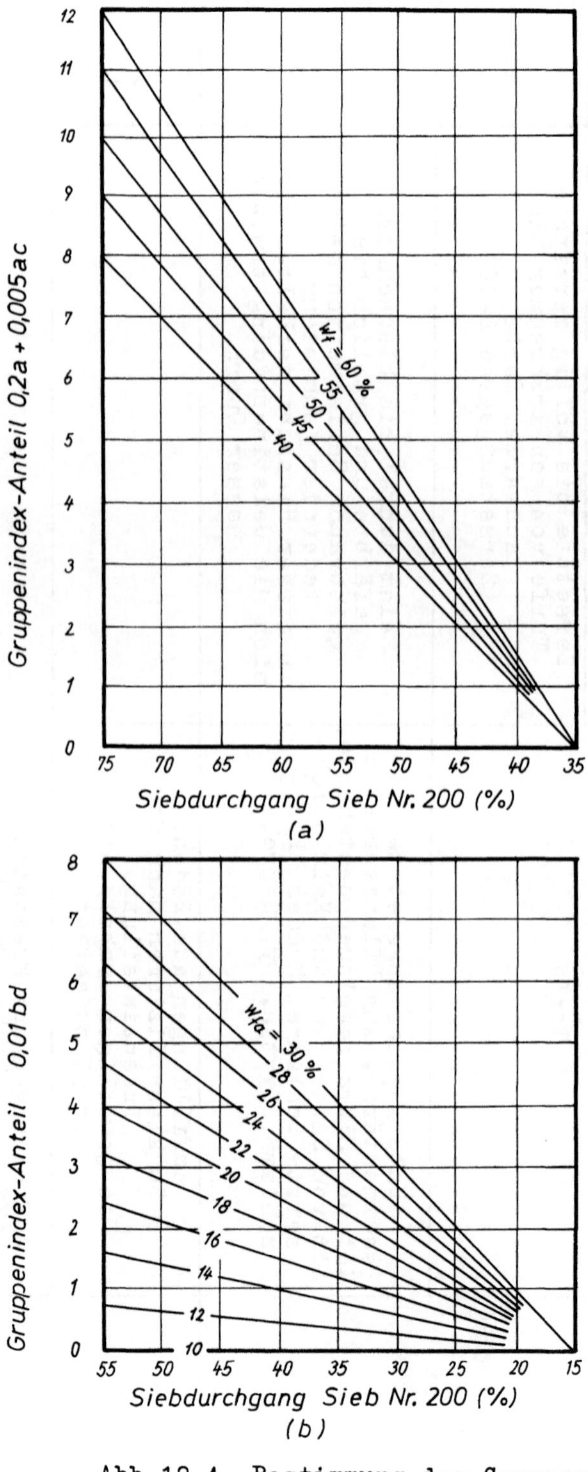

Abb. 12.4 Bestimmung des Gruppenindex I.

Als Bodenart (I)	Als Beimengung (II)	Abkürzung[1] für I	Abkürzung[1] für II	Darstellung: Zeichen für I	Darstellung: Zeichen für II	Flächenfarbe	Farben nach Ostwald	Entspricht Stabilo Nr.
a) Bodenhauptarten				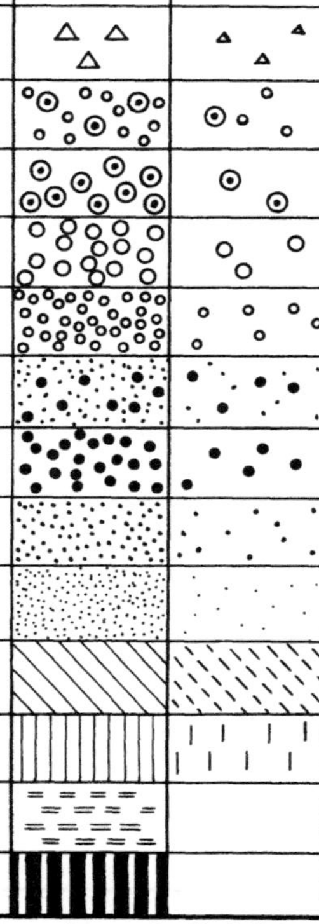				
Steine, Blöcke..über 63mm	steinig mit Blöcken	St	st			hellgelb	1 ia	8744
Kies (Grand)...2 bis 63mm	kiesig	Ki	ki			hellgelb	2 ia	8744
Grobkies......20 bis 63mm	grobkiesig	gKi	gki			hellgelb	2 ia	8744
Mittelkies.....6 bis 20mm	mittel-kiesig	mKi	mki			hellgelb	2 ia	8744
Feinkies.......2 bis 6 mm	feinkiesig	fKi	fki			hellgelb	2 ia	8744
Sand........0,06 bis 2 mm	sandig	S	s			orangegelb	3 ia	8734
Grobsand.....0,6 bis 2 mm	grobsandig	gS	gs			orangegelb	3 ia	8734
Mittelsand..0,2 bis 0,6mm	mittel-sandig	mS	ms			orangegelb	3 ia	8734
Feinsand...0,06 bis 0,2mm	feinsandig	fS	fs			orangegelb	3 ia	8734
Schluff...0,002 - 0,06mm	schluffig	Su	su			kreß (orange)	6 la	8754
Ton.......unter 0,002 mm	tonig	T	t			violett	12 na	8755
Torf[2]...................	-----	Tf	---			dunkelbraun	4 ni	8745
Kohle[3]..................	-----	Ko	---			weiß	----	----

Tabelle 12.3 Abkürzungen, Zeichen und Farben der hauptsächlichen Bodenarten nach DIN 4023 (Ausg. 1955).

b) Weitere Bodenarten[4]								
Lehm (Aulehm), Gehängelehm, Verwitterungslehm	lehmig	L	l			hellbraun	5 gc	8739
Geschiebelehm............	---	GL	---			hellbraun	5 gc	8739
Geschiebemergel.........	---	GMe	---			hellbraun	5 gc	8739
Löß......................	---	Lö	---			kreß (orange)	4 pa	8754
Lößlehm.................	---	Löl	---			kreß (orange)	4 pa	8754
Mergel (Als Lockergestein)	---	Me	---			blau	15 ea	8731
Schlick (Klei)..........	schlickig	Sl	sl			violett	12 na	8755
Faulschlamm (Mudde)......	faulschlamm-haltig	Fa	fa			grau	i	8749
Wiesenkalk, Seekalk, Seekreide..............	---	WK	----			blau	15 ea	8731
Humus[5]...................	humos	H	h			dunkelbraun	4 ni	8745
	kalkig[6]	---	k			-----	----	----

Tabelle 12.3 Fortsetzung.

Anmerkungen zur Tab.12.3

[1] Abkürzungen, Zeichen und Schraffuren stets in Schwarz.

[2] Der Ausdruck "Letten" ist zu vermeiden, da darunter je nach der Gegend ein schluffiger Lehm, fetter Ton oder ein durch sandige Einlagerungen geschichteter oder geschieferter Ton verstanden wird.

[3] "Moor" ist ein geographischer Begriff für nasses Gelände mit einer bestimmten Pflanzengemeinschaft, "Torf" ist die aus dieser entstandene Bodenart.

[4] Hierunter werden Abkürzungen und Zeichen für die nach DIN 4022 im Schichtenverzeichnis nicht in der Spalte für Bodenhauptarten, sondern in der für übliche und geologische Bennenungen aufgeführten Bodenarten gebracht.

[5] "Mutterboden" ist der humushaltige, durchwurzelte und durchlüftete, Kleinlebewesen enthaltende Teil des Bodenprofils. Reiner "Humus" kommt als Mutterboden nur selten vor. Jedoch ist im allgemeinen die oberste Torfschicht in Mooren als Humus zu bezeichnen. Für tiefere Bodenschichten ist der Ausdruck "Humus" nicht anzuwenden, in diesem Falle handelt es sich z.B. um Torf, Faulschlamm, Mudde. "Moorerde"ist sandiger Humus.

[6] Der Kalkgehalt wird nicht durch Zeichen oder Farbe, sondern nur durch Beifügung eines "k" vor der Abkürzung angegeben, z.B. kT = kalkiger Ton.

Mutterboden und Auffüllung können je nach ihrer Zusammensetzung humoser Sand (hS), starkhumoser Lehm (hL) usw. bzw. steiniger Ton (stT), Sand (S), kiesiger Lehm (kiL)usw. sein. Sie werden mit den hierüber gegebenen Abkürzungen und Zeichen dargestellt. In die Zeichen sind die Abkürzungen Mu bzw. A einzuschreiben.

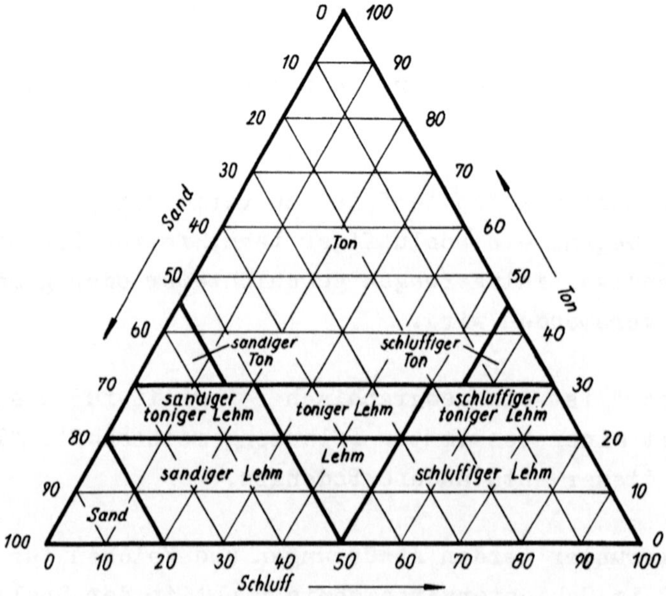

Abb. 12.5 Dreiecksnetz gemäß dem US Bureau of Public Roads (Korngrößeneinteilung nach ASTM Designation: D 422-61 T).

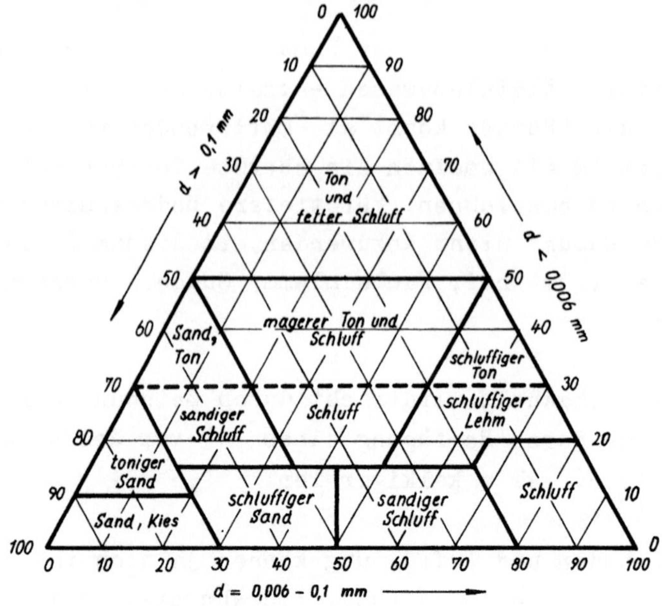

Abb. 12.6 Dreiecksnetz nach PIETKOWSKI (1948).

13. Nationale und internatiale Organisationen

Deutsche Gesellschaft für Erd- und Grundbau e.V. Essen, Kronprinzenstraße 35a (BRD).

Hafenbautechnische Gesellschaft e.V. Hamburg 11, Dalmannstraße 1 (BRD).

Verein Deutscher Ingenieure (VDI). Düsseldorf, Graf-Recke-Straße 84, Postfach 1139 (BRD).

Internationale Kommission für große Talsperren der Weltkraftkonferenz (Staudammkommission).
Commission Internationale des Grands Barrages de la Conférence Mondiale de l'Energie (CIGB). 51, Rue Saint-Georges, Paris 9ème (Frankreich).

Internationale Gesellschaft für Bodenmechanik und Grundbau.
International Society of Soil Mechanics and Foundation Engineering.
Société Internationale de Mécanique des Sols et des Travaux de Fondations.
Generalsekretariat: Institution of Civil Engineers London SW 1, Great George Street (England).

Internationale Konferenz über Küsten- und Seebau.
International Conference on Coastal Engineering (ICCE).
Conférence Internationale sur les Travaux de Défense des Côtes.
University of California, Berkeley (USA).

Internationale Vereinigung für die Verwendung von Asphalt im Bauwesen.
Association Internationale de l'Asphalte appliqué à la Construction.
International Association for Asphalt in Building Constructions.
9, Avenue Victoria, Paris 4ème (Frankreich).

Internationaler Rat für Forschung, Studium und Dokumentation im Bauwesen.
International Council for Building, Research, Studies and Documentation.
Conseil International de Bâtiment pour la Recherche, l'Etude et la Documentation (CIB).
Rotterdam, Weena 700, P.O.Box 299 (Niederlande).

Union der Internationalen Technischen Verbände.
Union of International Engineering Organizations.
Union des Associations Techniques Internationales (UATI).
62, Rue de Courcelles, Paris 8ème (Frankreich).

Internationaler Rat wissenschaftlicher Vereinigungen.
Conseil International des Unions Scientifiques (CIUS).
International Council of Scientific Unions (ICSU).
's-Gravenhage, Palais Noordeinde (Niederlande).

Europäische Vereinigung Nationaler Ingenieur-Verbände.
European Federation of National Associations of Engineers.
Fédérations Européenne d'Associations Nationales d'Ingénieurs (FEANI).
19, Rue Blanche, Paris 9ème (Frankreich).

Internationaler Verband der Seehäfen.
Associations Internationale des Ports.
International Association of Ports and Harbours (IAPH).
Tokio, Room 715-A, NYK Building (Japan).

Internationale Vereinigung für Felsmechanik.
International Society for Rock Mechanics.
Salzburg, Franz-Josef-Straße 3/II (Österreich).

14. Herausgeber geotechnischer Normen

Deutschland

(Deutsche Industrie-Norm, DIN)
Deutscher Normenausschuß e.V.
Berlin W 15, Uhlandstraße 175

Frankreich

(Modes Opératoires du Laboratoire Central des Ponts et Chaussées)
Ministère de l'Equipment et de Logement
Laboratoire Central des Ponts et Chaussées
58, Boulevard Lefebvre, 75 Paris 15ème (Frankreich).
Verlag: Editions Dunod, 92, Rue Bonaparte, Paris (Frankreich).

Großbritannien

(British Standards)
British Standards Institution
2 Park Street, London W1 (England).

Vereinigte Staaten von Amerika

(ASTM-Standards)
American Society for Testing Materials
1916 Race Street, Philadelphia, PA 19103 (USA).

Sachverzeichnis

GPSR Compliance

The European Union's (EU) General Product Safety Regulation (GPSR) is a set of rules that requires consumer products to be safe and our obligations to ensure this.

If you have any concerns about our products, you can contact us on ProductSafety@springernature.com

In case Publisher is established outside the EU, the EU authorized representative is:

Springer Nature Customer Service Center GmbH
Europaplatz 3
69115 Heidelberg, Germany

Batch number: 10584556

Printed by Printforce, the Netherlands